自然の風・風の文化

真木 太一・真木 みどり 著

技報堂出版

図 10-2　暴風を表す挿絵「大風吹いた」
（絵：足立美奈子）

図 11-1　すべての帆を広げる総帆展帆（日本丸。
横浜みなと博物館）

図 13-4　素晴らしい絵の和凧（上）、
多種な洋凧（下）
（凧の博物館：東京都中央区日本橋）

図 14-2　稲（上）と麦（下）の穂波

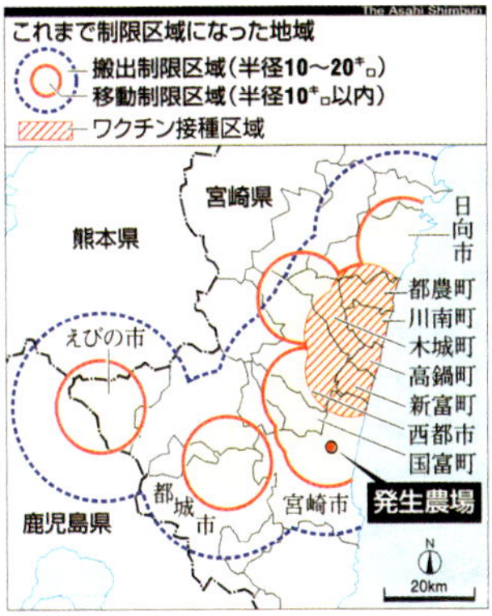

図 15-3　宮崎県の口蹄疫の伝染と蔓延状況（朝日新聞、2010 年 7 月 27 日）

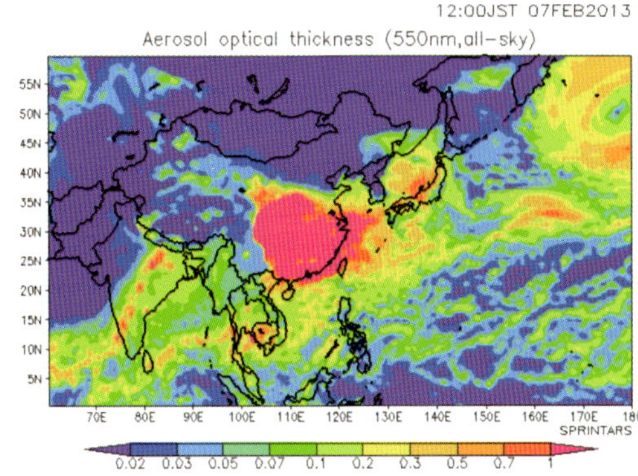

図 16-3　エアロゾル（大気汚染物質、空中微粒子）の予測図（九州大学応用力学研究所 HP）

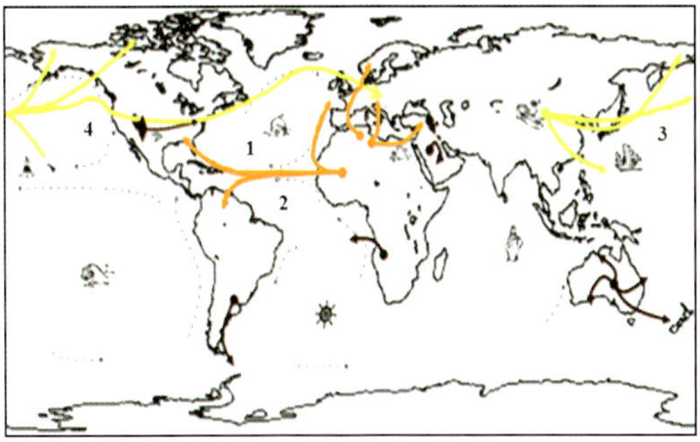

図16-1　黄砂など沙漠からのダスト輸送経路（実線）。
①：北半球の夏期（6～10月）、アフリカダストは北カリブ海と北米に輸送、②：北半球の冬期（11～5月）、アフリカダストは南カリブ海と南米に輸送、③：アジアダストは東アジアなどに輸送（2月下旬～4月下旬）、④：アジアダストは北半球の重要輸送ルート。濃灰色線はアフリカダストの輸送ルート（①、②など）、淡灰色線はアジアダストの大気中輸送ルート（③、④など）、黒色線はその他のダストの輸送ルート（北米、南米、南アフリカ、オーストラリア）、点線は風のパターン

図 18-2　南アルプス聖岳中腹の縞枯れの縞模様（左）、倒木・枯死樹（中）、若齢・幼樹と枯死樹（右）

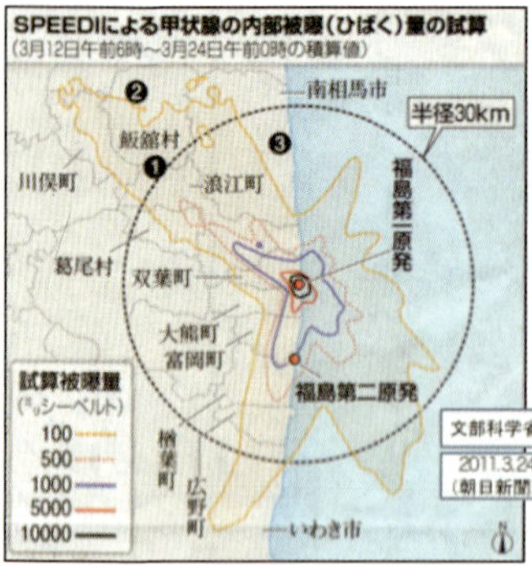

図 19-2　SPEEDI（スピーディ）で予測された放射能汚染の状況（朝日新聞）

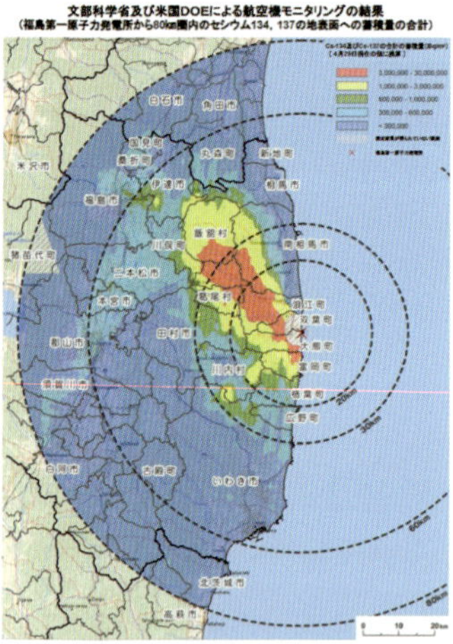

図 19-3　2011 年 4 月 29 日時点での放射能汚染の推定状況（朝日新聞）

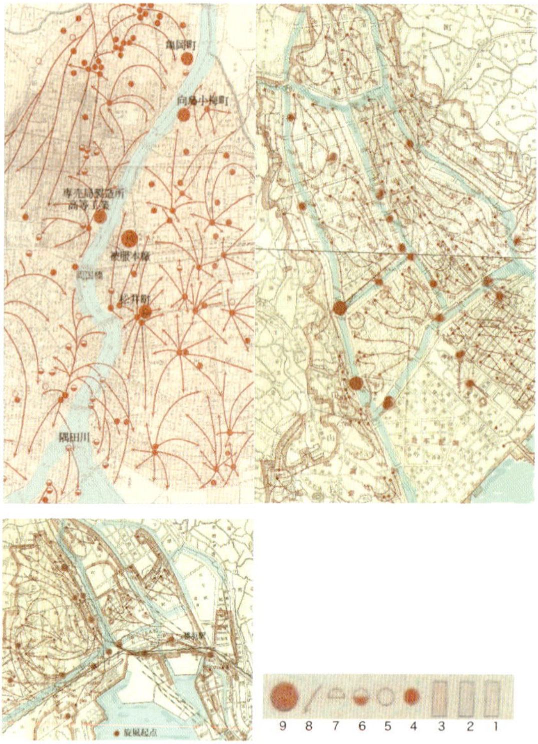

図 22-2　東京の被服廠跡地付近南北 4.0 km 内に 5 個の火災旋風(竜巻）発生（左上)、横浜南部地域（図中の左下方が山手地区）(右上)、横浜停車場（横浜駅）付近（図中右下方に横浜駅）での竜巻の発生状況（左下）（大正震災志、内務省社会局編纂)。凡例 1：9 月 1 日、2：9 月 2 日、3：9 月 3 日の焼失領域、4：発火点、5：即時消止、6：飛火、7：即時消止、8：延焼方向、9：旋風

図 25-1　塩見岳付近で 3,000 m 級の高山にできた山岳波雲のつるし雲（レンズ雲を含む）

図 30-3　災害 2 ヶ月後の伊豆大島土砂災害跡地（2013 年 12 月)。航空機から見た山腹崩壊斜面

ぞれの筆者によってかなり書き方が異なるところも散見されるが、そこはあえて特
ぐ意味もあり、ご容赦いただきたい。

って、書籍については、筆者の１人は単著 20 冊（執筆代表8冊含）、共著 30 冊以
、多く出版できたことに感謝するとともに、長い人生を振り返ってみると、我々は
教員として忙しく、十分面倒を見切れなかったアメリカ在住の娘２人（真理子、
とその家族、および親戚や親しくしていただいた関係者に本書を捧げたいと思

こ、本書の発行に際して、大変お世話になった技報堂出版の編集部小巻愼氏に
謝申し上げる。

5 月25日

新緑の季節のなか今年の冬の大雪・異常気象を回想しながら、つくば市内にて

真木太一・真木みどり

まえがき

本書を書こうと思ったのは数年前になる。その頃を振り返る
野・野村・林・山川編）の出版計画は、その前の「沙漠の事典」
行された直後、担当者が筑波大の研究室にわざわざ初版本を持
ものの出版に関して、アイディアの情報集めであったことがわか
いる間に、「風に関するシンポジウム」が 50 回 （年）以上になる
“それぞれ”ということになり、「風の事典」発行実施に移すこ
年近く経った頃に、東日本大震災（2011 年 3 月 11 日）が発生
善出版社から編集委員長として 2011 年 11 月 30 日に出版で

その出版に当たっては、筆者自身もかなり多くを執筆した
あったため、項目によっては短すぎることもあり、十分思うこ
とともに、そのことの不満を漏らす執筆者もいた。このことを
では自由に数頁分、執筆したいと思い、計画した。しかし、忙
なったが、それでも何とか発行に漕ぎ着けることができたこと
一段落となった。

なお、「風の事典」では、本書の両著者ともに別々に執筆し
た。 一方、 沙漠の中の「シクルロード－悠久の自然と歴史
原案内 気象・自然・歴史・文化」（南方新社）の旅行ガイド
たが、 今回のような文理融合の風を取り扱った書籍の発行
て、風（ふう）・風（ふう）の発音のように、ふうふう言いながら生活してい
度の語呂合わせになるかと思って、根気よく進めてきたところ

さて、本書では、文系・理系を融合された項目を最初に示
して次第に自然科学を主とした項目、特に風がらみの気象
がって、かなり難しそうな気象・風は後半になるように取り
読んでもよいように、各項目で完結した構成とはなっている
読んでいただきたい。

読者範囲は、高校生から大学生の若者から自分もその域
での、全読者層を対象とした。したがって、話題は多岐にわ
目に、興味を持つことを期待している。そして、社会科学・自
融合された書籍と評価されることを祈念している。

それ
徴を出
とこ
上にな
研究者
るり子
う。
最後
心より

2014 年

目　次

1　風と病気・インフルエンザ

風（気象）と病気には深い関係があると昔から言われている。風と気圧の変化によって激しい風、強い風の場合、気分が悪化したり、逆に爽やかな微風では心地よい軽やかな気分になったりする。風が人の肌、つまり皮膚に触れることによって、神経系に敏感に反応し、脳にすぐさま伝達されることによって快不快を感じる。

（1）病気と風の関連性

『風の博物誌』の中で、ライアル・ワトソンは、「人間の生物学的潮流は不随意神経系統に支配され、精神状態は神経系、内分泌系、免疫系のホメスタシス（恒常性）の変化を引き起こし、病気の発症や経過に多大な影響を及ぼしている」[8] と述べている。つまり、気流、空気の流れ（風の流れ）と人間の神経系統には深い関係があり、意思の支配を受けずに中枢の興奮を体の各部分に伝達したり、逆に体の各部から刺激を受けたりする。風の流れ（気流）が変わると当然、気圧も気温も変化し、体に刺激を与えてしまう。これらの刺激は人間の意思に関係なく神経を興奮させ、体の各部分にアタックしていく。

例えば、前線の接近による気圧や気温の急激な変化があると、人は血圧の上下や、女性に良く見られる偏頭痛、精神的不安定を引き起こす。特に精神的疾患の場合、自殺者が急増し、また一般の老人医療機関では入院患者の病気が悪化し、死亡者が増える。さらには接骨院で老人たちは、「この痛さはきっと明日は雨だなあ」などとつぶやく。喘息患者は咳の量が増え、苦しみ、悩むことになる。軽いうつ症状や軽度の精神疾患の人は体調が悪くなり、心療内科の患者数は増える。

ギリシャの詩人ヘシオドスは、東風が吹くと、「広い海の霧を作って命に限りある人間を苦しめる」[9] ものであったと記している。

また、日本列島では四季に恵まれている反面、中国、シベリア大陸からの季節風と太平洋からの南東風を吹かせる高気圧、低気圧の流れに左右されることが多く、季節の節目々々でうつ症状が悪化し、腰痛や傷の疼（うず）き、さらに喘息が悪化することが報告される。春は 3 月から 4 月にかけて気温変化の激しい時期、夏は梅雨の頃に低気圧が長期に停滞したりする時期、また初秋の台風襲来の時期では、やはり気象の激しい変化に体調を崩しやすい。

風の流れと心身症状の因果関係ははっきりとわからないが、寒冷前線の接近によって血流量が減少し、外界に対して体の末端部の血管が閉じ、血圧の上昇、血糖値の増加、瞳孔の拡張、汗腺が刺激され、呼吸と共に肺への空気の流れが速くなり、全身が敏感になると考えられる。また、それらとは逆に「温暖前線が接近すると、血管が拡張し、血圧低下、血糖値の減少、瞳孔の収縮、発汗が抑制され、肺への空気流入の減少が見られる。そしてこれらは、すべて副交感神経系統の作用によるものである」[9] と言われている。地球を覆う大気は風となって常に流れ動いている。体に感じない程の微風から心地よい微風、そして様々な風の刺激によって生物は生かされ、風と共に生きている。しかし、風の強弱によって時に悪影響をもたらす事も現実に起こっている。

また、チベットの伝統医学では、ダライ・ラマ法王14世によると、「体の基礎となる風（ルン）、胆汁（ティーパ）、粘液（ペーケン）という 3 大要素のバランスがとれていると健康に、逆に乱れると病気になる。人が心に憎悪や恨みや執着心を抱き続けると、3 大要素の中の風（これは言ってみれば気のようなもの）が乱れ、結果として病に罹る」[1] と、病に対しての風の役割の重要さを強調している。

(2) インフルエンザ

空気（風）の流れを通して感染する病気に風邪が挙げられるが、ウイルスによる感染では流行性感冒（インフルエンザ）が脅威的病気として挙げられる。また、インフルエンザの人から人への感染のみならず、近年、「鳥インフルエンザ」の感染、すなわち大陸から飛来する鳥から人への感染、そして人から人への感染が心配されている。ここに、その病原菌であるインフルエンザウイルスと鳥インフルエンザウイルスの電子顕微鏡写真を**図 1-1** に示す。

一般的に冬の乾燥した寒冷の風が原因で引き起こされる風邪は、「寒冷の風の流れによって吸入した埃の刺激で生じた呼器粘膜の一時的貧血状態によって、その部位の抵抗力が低下し、ウイルスが感染して風邪症状を起こす」[5] 。風邪の中で最も感染性の強いのが流行性感冒である。

その感染は、咳やくしゃみによってウイルスが空気中に拡散され、周囲の人々の呼吸と同時に吸入され、感染していく。その拡散範囲は計り知れず、一度に多くの患者を増やしていく。

過去において、ヨーロッパで流行した「スペイン風邪」をはじめ、1957 年の「アジア流感」、1968 年の「香港風邪」、1976 年の「ニュージャージー風邪」が記録として残されている。

風邪は一般的用語として使われているが、これは空気感染による世界各国で毎年のように猛威を振るう。医療用語で流行性感冒［インフルエンザ（influenza）］と言われてい

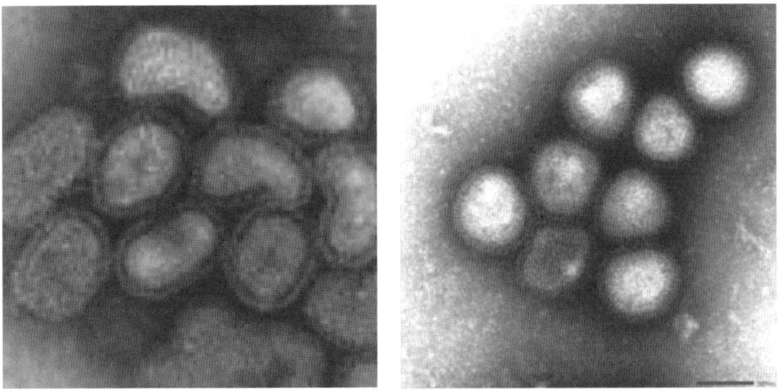

図 1-1　インフルエンザウイルス（左）、鳥インフルエンザウイルス A（H9N9）（国立感染症研究所HP）

る。語源はラテン語の influentia（影響）に由来し、古代より知られていたことが紀元前400 年頃、ローマヒポクラテスの記述からも見られる [7]。咳をすることで風を起こし、空気中に拡散されることで、人々の呼吸に合わせて口・鼻から入り込み、ペスト（急性伝染病）のように瞬く間に患者を増やしていく。今日では、情報網が発達し、予防薬が開発され、接種によって防御できるようになったが、昔は防御法も対策法も少なく、多くの死亡者を出してしまった記録が日本国内でも、享保元（1716）年と享保18（1733）年に残されている。江戸時代の医学書『医療生始』にも「インフリュエンザ（印弗魯英徹）」といった病名が記載されている。

流行の季節としては、冬場、大陸からの季節風の到来とともに寒冷と乾燥の気象条件の中で強力となり、南東の風の影響を受け、暖かくなる春に終息する。言い換えれば、季節の変化によって引き起こされる風と共に発生し、春季には瞬く間に去っていく典型的な病気である。なお、インフルエンザの予防・伝染防止の手っ取り早い対策は、正しくマスクを着け、外出から帰宅した後は、手洗いとうがいをこまめにすることである。

(3) 風と病気の治療

風（空気の流れ）は、人の心身に悪い影響を与えるばかりでなく、微風であれば治療的効果をもたらすことがわかっている。しかしながら、風のみによる補完、代替療法の自然療法による心身疾患における効果的報告は見られない。

唯一「空気浴」と言われている療法がある。裸になって外気に肌をさらし空気、太陽、風などを受け、心身快復に繋げる療法である。ヨーロッパにおいては、夏だけではなく真冬でも、快晴であれば多くの人々が空気浴を楽しむと聞く。空気浴は「日本における補完、代替療法においては、自然療法そのものが調査対象となっているなど、自然に存在する水や空気、太陽などのエネルギーを利用して、樹木からの自然治癒力を間接的に高めるためのケア（care）を中心とした治療法の総称で、ベネディクト・ルストによって改めて創設、普及された療法」[2] で、脳波のα波（後述）のパワーを増加させる効果が報告されている。また、長期的ストレスに対する身体面、精神面の障害に対して効果的療法として適度な室温と微風の中で音楽を聞くことが挙げられている。ドイツではクナイプ療法として100年以上の歴史がある [8] 。

森林浴（**図1-2**）は広く知られるところであるが、その効果的要素はマイナスイオン、気圧、適度な湿度を感じる気温、みずみずしい緑の香り、酸素濃度の高い爽やかな空気の流れ（風）などが組み合わされ、人の五感への刺激となって副交感神経を活発化し、血糖降下作用が増強されて様々な病気に治療効果を打ち出している [8] 。

空気の流れ（風）を呼吸運動によって直接導入している療法の一つに、座禅（禅宗）や阿字観（真言密教、チベット密教）で取り入れている丹田呼吸法が挙げられる。そもそも呼吸は心臓の鼓動と同じで無意識の内に反射的に行われているが、丹田呼吸は意識的に行われる腹式呼吸で、「息を吐く時に横隔膜を拡大させ、この刺激が脳中枢神経にフイードバックし、心身に影響を与え」[6] 、精神疾患に効果的に作用する。その効果は、「自立神経系は、心身の状態をコントロールする神経系で、交感神経と副交感神経からなり、呼吸をする際、息を吐くことに意識を集中してその時間を長くしつつ、腹式呼吸によって横隔膜を上下させることで、副交感神経が活発に働くようになる」[6] 。

丹田式呼吸法には気功、ヨーガ、座禅、阿字観（**図1-3**）、瞑想、自律訓練法、太極拳、合気道、音楽療法などで応用されていて、「静かに呼吸し、空気を体内全身に送り込み、そして静かに空気を吐き出していく過程で、脳内のβ波は減少し、α波やθ波が増加することは確認されている（筆者注：α波はリラックス、β波は通常の緊張、θ波は深い瞑想やまどろみの時に出る脳波）。これは、深い呼吸の一連の作動が精神的身体的喪失感を呼吸コントロールによって、心身感覚は整えられていくことがわかっている」[3] 。
また、近年増加しつつあるPTSD（心的外傷後ストレス障害）やトラウマ（心的外傷）に対しても、この丹田呼吸にイメージを取り入れた呼吸法が効果的であることがわかってきている。鼻からきれいなイオンの空気をイメージしながら5秒間いっぱいに呼気し、3 秒間息を停止しながら全身を浄化するようなイメージをする。その後、10 秒を掛けて口から不快な事柄を吐き出すイメージをしながら長く空気を排出する。この呼吸法で自分に合ったイメージを取り入れるとさらに効果が上がることが認められている。この呼吸法を 10 回続けると、終了後、不快な事柄は次第に整理されていく。

図 1-2　森林浴。つくば市内の公園（左）、乗鞍高原（右）

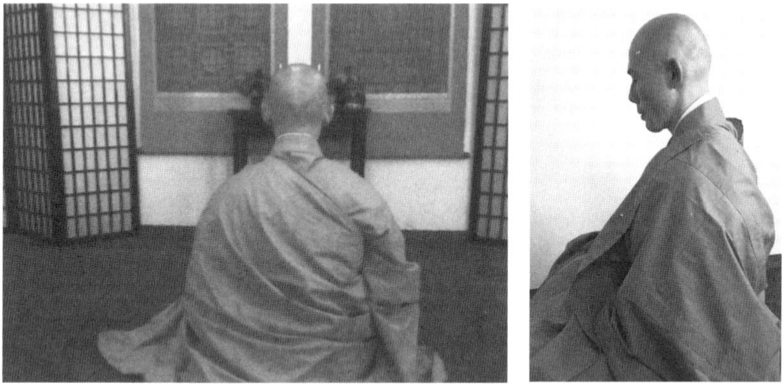

図 1-3　座禅（阿字観）（提供：高野山真言宗龍源山功徳院）

面接と同時にこの呼吸法を 1～2 ヶ月継続していくことによって、心的にストレスは解放されていくことがわってきた。風を体内に吸収していくことは、全身に酸素を送り込むことである。その酸素は脳内においても活性化を促す重要な栄養源となっている。また、呼吸時にイメージをすることで、一時的に不快から逃れることができる。回数を重ねることで、ストレスが解消していき、朝の目覚めが爽やかな清々しい気分になり、やる気に繋がることが患者さんから報告されている。

筆者は、2009 年より主治医（精神科クリニックこどもの園）の指示のもと、幼児から 50 歳台の大人までの 30 数名の患者に眼球運動とイメージ呼吸法［眼球運動と呼吸法による心理解放療法（Mental Release by Eye Movement and Breathing；MREMB）］

を実施した。その結果、どの患者も良好に回復している[4]（公益社団法人日本精神神経科診療所協会主催、第20回学術研究会、2014年6月15日につくば国際会議場にて発表）。

筆者の特徴的な独特の療法は、最近、注目・評価されたことで、有望視されており、今後の普及が期待されるところである。

（4）風の付く病気の用語 ［広辞苑（岩波書店）、国語辞典（岩波書店）、漢和大辞典（学研）］

・風患（ふうかん）：風疾と同じ。
・風眼（ふうがん）：膿漏性（のうろう）結膜炎（膿漏眼（のうろうがん））の俗称。淋菌（りんきん）によって起こる急性の結膜炎。目が赤くはれて、多量の膿（うみ）を分泌する。
・風気（ふうき）：①感冒、風邪、②風俗、③中風、④風気疝痛（ふうきせんつう）の略、⑤風、⑥気候、⑦風が吹く気配、⑧風土と気候、⑨立派な人柄、風采、⑩外界の急変に応じ切れずに起こる病気、中風など、⑪風角と同じ。
・風気疝痛（ふうきせんつう）：鼓腸（腸内ガスが充満して腹部のふくれる病状）によって生ずる疼痛（とうつう）
・風狂（ふうきょう）：気ちがい。
・風棘（ふうきょく）：幼児の手足の指骨を冒す結核性炎症。骨が紡錘状に腫膿し、遂に化膿する。
・風疾（ふうしつ）：①気がおかしくなる病気、気ちがい、②中風、③風のように速い。
・風湿（ふうしつ）：①漢方でリュウマチ・痛風などのこと。痛みがあちこち移る病に風の字を用い、湿気が原因と考えたことによる。②風毒（ふうどく）。
・風邪（ふうじゃ）（かぜ）：風邪引き、かぜ、感冒。
・風疹（ふうしん）：①発疹（ほっしん）を伴う急性伝染病。子供に多く、はしかに似ているが3、4日で治る。②はしかや水ぼうそう。
・風顛（ふうてん）：①精神病で、言行錯乱、意識混濁、感情激発などのはなはだしいものの俗称。②定職が無く盛り場などでごろごろしている人。
・風土病：ある土地に特有の気候・地質などから起こる病気。例：つつが虫病。
・風病：①風邪、②気ちがい、③中風。
・中風（ちゅうふう、ちゅうぶ、ちゅうぶう）：脳出血などによって起こる半身不随、手足の麻痺などの症状のこと。中気。

2　風と楽器・合奏

地球誕生と同時に風が発生し、その風は自然発生的に音を出し、山や植物に当たって出す音、そして上空を走りまわる音のすべてが、一つのオーケストラのような音楽をつくり出している。そのため、自然が奏でる楽器は、人類誕生の頃から人と切り離せない同居人となって今日に至っている。

(1) 楽器の誕生

風の音がどのように発生しているかを、ドイツの教育学者ルドルフ･シュタイナーは『普遍人間学』の中で、体の外で空気が働き、内で人が音を覚え、空気の働きと音の関わりを、人は気づかないことが多いと述べている[3]。一方、ライアル・ワトソンは『風の博物誌』の中で、「空気の分子を圧縮する振動が全ての音を起こし、空中をあらゆる方角にリズミカルに拡散していくこの圧縮の波が音という信号の形をとって振動を伝播させる。……人間の耳は毎秒 16 ～ 2 万サイクルの間の振動に反動するようになっている。これより遅いものはすべて『低音波』、速いものはすべて『超音波』である」[4] と、音の発生のメカニズムについて述べている。

この音に気づいた太古の人々は、世界のそれぞれの土地で音を発生させる楽器をつくり出してきた。それらの楽器は長い年月を越えて様々に改良され、現在、木管・金管楽器として活躍している。世界の原住民の間では、オーストラリアのアボリジニのディジュリドウ（世界最古の木管楽器とされる）、ニュージランドのマオリ族のブタンギタンギ（土笛）、ブカイア（木製笛）、ペルーのケーナ（縦笛）、スイスの民族楽器アルプホルン、モロッコのガイタ、インドのティクティリ、ローマの軍隊で使われていたブッキーナ、スコットランドのバックパイプなど、伝統楽器として今日もなお当時のままのスタイルと演奏を守っている。また、日本では風を吹き込む楽器ではないが、アイヌ原住民に伝わる弦楽器ムックリ（口琴）がある。弾く音が空気を揺らし、風に乗って遠くまで伝わり、まるで風の歌のように聞こえる。

今日では、遣唐使によって中国からもたらされた楽器、龍笛や高麗笛、篳篥があるが、雅楽器の笙（和音を奏でる）や神楽笛（大和笛）は、日本の貴族の楽器として古くから存在していたとされる。また一般平民の間で演奏されてきた尺八は、奈良時代に中国の唐より伝来した古代尺八（雅楽尺八、正倉院尺八）に由来し、日本の風土に合った新しい尺八がつくられていった。また鎌倉時代になって、禅僧の一派普化宗が法器として「虚無僧尺八」を中国からもたらし、江戸時代に虚無僧と言われた禅僧が修行のため、読経のかわりに各地を演奏しながら行脚していたが、当時は神聖なものとして一般の人が吹くことは禁じられていた[2]。最近でも、たまに尺八を吹きながら修業する僧を、四国などでは所々で見かけることがある。

篠笛は細い篠竹で作られた横笛であるが、日本各地の民俗芸能の獅子舞、里神楽や歌舞伎囃子に多く演奏されている。これらの楽器はどれも空気（風）を管に吹き込んで人間の耳に心地よい音を発するように工夫を凝らして演奏されている。また、道具を使わず指を使って吹く指笛や口のみで音をだす口笛があり、子どもの遊具としての草笛もある。いつから始められたのか歴史的には辿れないが、今日では立派に芸術の域まで達している。

このように音が芸術的地位まで引き上げられた理由として、「人が外の側の動きの内に有するところが、こころの内に鎮められて音に変わりだします。そして、それはまた他の感官による感覚の全てで同じです。かしらの器官が外の側の動きをともにしないので、その動きを胸に撥ね返して音に仕立て、また他の感官による感覚に仕立てます。そこに感覚のおおもとの泉があります。そこにまた芸術と芸術の関わりがあります。ミューズの音楽的な芸術が、彫刻と塑像の彫塑的、建築的な芸術が外の方にあり、音楽的な芸術が内の方にあってです。世が内から外に映し返されたこと、それが音楽的な芸術です」[3]と記している。

このように古代から人々は風を肌で感じたことを心に吸入させ、同じく心で感じたことを宇宙からのメッセージとして音に表現しようとしてきたのではないか、その感謝への心の動きが、さらなる複雑な音の芸術性へと導き出されてきたのではないかと思われる。

(2) オルガンの発明

主な楽器の誕生のきっかけを見ると、口から空気、つまり風を管に吹きこんで音を発する楽器の他に人の足で風を管に送り込んで音を出すオルガンとパイプオルガン（**図2-1**）が西洋に誕生している。オルガンのことを日本では風琴と呼んでいるが、足に代わって手で楽器を操りながら風を送り込むアコーディオンの手風琴も挙げられる。

オルガンの歴史は紀元前500年頃まで遡る。アレキサンドリアにいたギリシャ人の技師クテビオス（Ktesibios）は水圧を使って空気を管に送るオルガンをつくった。その後、紀元400年頃、初期キリスト教時代にビザンチン帝国で発達、水圧に代わって鞴によるオルガンが発達した。紀元800年頃のユトレヒト祈祷書（Utreeht Psalter）では、オルガンには8管のパイプに2人の修道僧が背後で座り、4人が2つの大きな風函（風

図 2-1　ピアノの後方にあるパイプオルガン（東京芸術大学記念音楽堂）

を送る箱）に繋がった長い腕木（うでぎ）（重みを支える木）を動かすといった、鞴を動かすのにも重労働であったことが記されている。

また、980 年頃にはイングランドのウインスターに建造されたオルガンに関する記録から、修道僧ウルスタン（Wulstan）の記述では、400 管に対して 26 の鞴がついていて、「70 人の男が汗だくになって鞴をこいだ。いっぱいに風をはらんだ風函が 400 の管を響かせる為、出来るだけ勢いよく風を送ろうと、彼らは互いに励まし合った」[1]。そこから発せられる音は喧騒たるもので、近くでは聞くことができず、人々は我慢できずに手で耳をふさがずにはいられないほどであったらしい。このような巨大なオルガンの利便性の悪さから、その後、改良が繰り返され、運搬可能な小型のものになっていった。14 世紀頃には移動式となり、オルガニット（organetto）と呼ばれていた。この頃の音色は、「強弱の弾き分けができ、小鳥のさえずりに聞こえた」[1] と記録されている。巨大な姿のまま改良されたのがパイプオルガンで、移動や持ち運びができるように改良されたのが、小型のオルガンとアコーディオンである。

(3) 最も古い管楽器フルート

管に空気を吹きつけて音を発生させる楽器で、ウキペディアによると最も古くは約 4 万年前のネアンデルタール人のものと推定されるアナグマ類の骨でつくられたものが、スロベニアの洞窟で、そして現生人類によってつくられたハゲワシの骨でできた 5 つの穴のある笛がドイツのホーレ・フェルス洞窟で発見されている。

また、数千年前から世界各地でつくられた笛が出土していると記している。原始的な笛は植物の葦等でつくられたものや石笛や土笛（**図 2-2**）、鼻笛（現在でも使われている）が主流をなしていた。ギリシャ神話に出て来る牧神パンが吹いている笛は植物の葦でつくられたと思われる。今日でもパンパイプ（長さの異なる葦などの筒を並べた形の笛で、ギリシャの半獣神パンが吹いていたとされる）として演奏され、私たちの心を癒してくれる。

日本では中国の唐からもたらされた尺八は正倉院に保存され、管長一寸八尺、約 54.5 cm で、尺八の名称はここから出たと言われている [2]。竹の根幹を利用して作成した尺八や篠竹からつくられた篠笛が日本人の心に沁みるさびやわびを感じさせてくれる。

今日では、金属製の管楽器が様々な形と特徴を持って演奏の重要な役割を果たしているが、大地と宇宙の恵みを受けた植物からつくられた楽器は自然の風を美しく奏でてくれる素晴らしい風笛（ふうてき）である。

ちなみに、フルート演奏で最も有名な曲にロシアの作曲家リムスキー・コルサコフの作品、オペラ《サルタン皇帝の物語》の中の「くまばちは飛ぶ」がある。蜂が空中をせわしなく羽ばたく音、空気音などが見事に表現されている。この曲を有名にしたのは、20 世紀最大のフルート奏者ジェームス・ゴールウエイである。彼は、フルートを演奏する時、一度も息つぎせずに鼻から吸気しながら口から吐き出す技術を編み出した。流れるように空気を操り、風を送り出していく技術は見事であり、高齢になった今日でも活発に演奏を続けている。

図 2-3 はフルートを演奏中の写真である。

(4) オーケストラ、室内楽

風の音をオーケストラで表現するとすれば、誰にも親しまれているベートーベンの交響曲第 6 番『田園』がある。ヨーロッパの広大な田園を四季の風を通して真夏の激しい雷雨と雷鳴をティンパニーで、嵐の後の静けさをピッコロとバイオリンで対比させながら自然の厳しさと、のどかさを美しく表現している。

また、室内楽では、ヴィバルディの『四季』が弦楽器を主とした室内楽で四季の変化と特徴を風の流れをバイオリンでうまく活かしながら、曲の中に自然への畏怖（いふ）の想いと心理的ざわめきを風の音として見事に表現されていることに驚きを隠せない。

また、日本では盲目の箏曲（そうきょく）の名手といわれた宮城道夫作曲の『春の海』が有名である。この曲は瀬戸内海ののどかな情景を耳で感じ取って箏と尺八を基に作曲したものである。優しく温かな風(尺八)とそれに応える波の音(箏)を緩(ゆる)やかに交差させながら、風と波の音のハーモニーを美しく表現している。聴いていると、心が和み癒される一曲である。

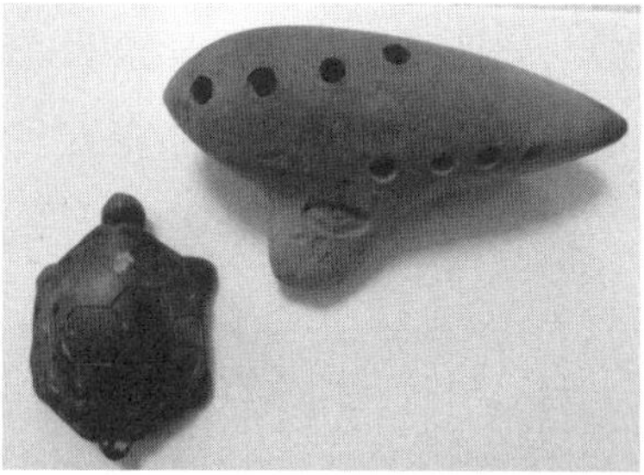

図 2-2　石笛(左)、土笛(オカリナ)(右)

図 2-3　フルート演奏(マーシュ・ベルサゼー夫妻)

風の息

風は一定の速さで吹くわけではなく、強くなったり弱くなったりする。この強弱があたかも風が息をするように吹くため付けられた名称である。実際は息よりももっと強弱があり、不規則である。また、風の乱れを表す変数、例えば、ガストファクター(最大風速／平均風速)、乱れの強さ(風速の標準偏差／平均風速)、モーメント(積率)、スペクトル(波数などの強度分布)などがある。

3　風と発声・歌

鳥の美しいさえずり、動物の鳴き声は、すべて喉を通して風を送り出す仕組みによって発せられる。動物は単にその声を発するのみではなく、仲間同士のコミュニティを守るために言葉として使っている。人の発声も同じで、意思伝達や心と心の交流の道具としての価値を得て、さらにはリズムやメロディを加え、歌として派生させていったと言えよう。

（1）発声のメカニズム

人や自然の動物の発する声、つまり喉から発せられる音は、意思を伝える言葉となり、また喉頭の中にある声帯の使い方によって楽器と同じ美しい音を奏でることができる最も身近な楽器であろう。「咽頭には甲状舌骨筋など左右 7 対の筋肉が働いていて、喉を震わせ、声帯を振動させる。この振動の仕方によって各種の音声が表われるが、さらに発声には空気を肺・肺胞から気管・咽頭へと押し出す圧力が必要であって、それを生み出すのは胸腔内の圧力であり、深い呼気を出す腹式呼吸と同じメカニズム」[2] であることがわかっている。また、発声の高低差や音程差は横隔膜と肋間筋が大きく関わっていて、送り出す風、空気の微妙な流れによって音の変化を生み出している。

また、声帯の厚さは男性と女性とでは異なり、振動数も差が見られる。男性の声帯は約 13 mm で振動数は約 100 Hz（ヘルツ）であり、女性の声帯は約 10 mm で振動数は約 200 Hz である。その差は 1 オクターブの開きがみられる[2]。

人々は太古の昔から、喉から発せられる美しい声を使い、風や光、緑豊かな自然を情景として、あるいは神仏への畏れや敬意と感謝の想いを偈頌（仏の徳をたたえる詩を歌う）してきた。それは世界各地で、それぞれの異なる環境のガイア（ギリシャ神話の女神。天を内包した世界。巨大な生態系としての地球）の中で生まれ、民謡や宗教の頌歌（神の栄光、英雄の功績などを褒めたたえる歌）として誕生していった。

（2）キリスト教のグレゴリオ聖歌

紀元前（DC）1100 年頃にギリシャでオルフェウス神話が誕生し、デルフォイなどの民族宗教で行われた礼拝などから、ギリシャ固有の音楽が生まれた。その後、DC550 年頃にピタゴラスが音楽理論を創始し、534 年に対話とバッカス祭頌歌（神を褒めたたえる歌）などが結びつき、ギリシャ神話の悲劇が誕生した。紀元後（AD）300 年頃になると、中東では旧約聖書詩篇のダヴィデ風（ローマ風）合唱が発展し、380年にミラノの司祭アンブロジウスがそれを西欧に導入し、387年にアウグスティヌスが音楽論を確立させていった。その後400年頃に、ゲルマン民族によって音楽が尊重されるようになり、東方の賛歌を参考にローマ教皇（ローマカトリックの法王）レオ一世がローマ典礼を音楽化していき、グレゴリウス一世が教皇として即位すると600年にローマ教会の聖歌を組織化し統一して、770年に「ローマ聖歌」に代わり、「グレゴリオ聖歌」として一般化されるようになった[3]。

グレゴリオ聖歌は、ア・カッペッラ（礼拝堂風）形式で歌われ、キリスト教世界の教会音楽としてローマ教皇一世グレゴリウス一世（590～640）によって編纂された最も古い歌譜である。グレゴリオ聖歌はキリスト教の聖書の言葉を歌詞としてつくられている。リズム表記のない4線の楽譜に記譜され、絶対音高（基音の周波数の絶対的な高さに基づいた音の高さ）がない。歌唱スタイルには応唱（司祭の朗詠に応えるように合唱隊の唱和が繰り返される）、交唱（聖書の短い句を2つの声部に分かれて歌う形で、同じ旋律が異なる歌詞を次々と詠う）、直行唱（交代なしのミサの合間での唱和）がある。神やキリストを賛美する歌詞であるため、その音声も深い呼吸法を取り、空気をできるだけ長く吐き続けながら、声帯に当てて平行音（同じ調合を持つ長調と短調の関係で一定の同じ音）[2]を発している。楽器による伴奏がなく、音声のみで表現し、その歌唱音は広く高い教会堂の空間いっぱいに空気を響き渡らせ、荘厳さを演出している。

(3) 仏教の声明

紀元前6世紀、インドのバラモン教で唱えられていたが、仏教が誕生した後、釈迦の言葉を記録した仏典に節をつけて唱える声明が生まれた。キリスト教のグレゴリオ聖歌と同じ役割を担っていて、仏教の儀式や法要等に唱えられている。広辞苑によると、「漢文または梵文の唄（ばい）（声明の一種で梵唄（ぼんばい）ともいう。偈頌（げじゅ）で、揺（ゆ）れなどの節（ふし）を多くつけて唱（とな）える）・散華（さんげ）（声明の一種で、仏の供養をするため歌唱しながら花を散布すること）・梵音（ぼんのん）（梵天王の発する清浄な音声で、声明の一種。清浄な音声で仏法僧の徳をたたえる意味の歌唱）・錫杖（しゃくじょう）（僧侶、修験者の持つ杖。また声明の一つで、錫杖の徳をたたえ、錫杖を振りながら歌唱する）・讃（さん）（仏徳をほめたたえる歌）・伽陀（かだ）（仏徳を賛嘆し、歌唱する）・などの曲を歌唱するもの」とある。

呼吸の仕方に釈迦は常時アナパナサティ（梵語）呼吸法をとっていて、「ルン（風）に乗っているのが意識で、ルンに乗らないと意識は動かず、意識がないとルンに乗れない」と説き、呼吸をする時、サンスクリット語の発音では「オンで息を止め、アーで息を出す。

そしてフンで息を吸う」のが最も有効であるとしている。釈迦の腹部に数段の皺（しわ）が見られるのは、アナパナサティ呼吸法の筋肉の跡であると言われている。

その呼吸法を使って唄われる声明は、仏教音楽の一つとしてインドから中国に伝来し、6世紀の中頃、仏教伝来と共に日本に伝えられた。楽譜はないが口伝により、グレゴリオ聖歌と似ていて絶対音がなく、平行音を発している。こちらも深い呼吸法をとり、長く空気を排出しながら、透き通るような音声を発生させる。その音声は高音で仏の世界まで届くよう、響かせるように歌う。

チベット仏教ではチベット声明として唄われているが、チベット声明は音域が広く3オクターブ下から発せられる。空気と風の複雑な絡み合いが美しい音域を醸（かも）し出していると言えよう（高野山真言宗「功徳院」僧侶の説法より）。その功徳院で声明を行っている写真（**図 3-1**）を示す。

（4）民謡、歌曲

音声を利用して古くから、民謡や歌曲が唄われてきたが、風を表現した心に沁（し）みる歌詞も作詞され、作曲もされてきた。

アメリカ民謡で『峠の我が家』の一部を紹介する。「空はすみて、さやかに吹くそよ風のかぐわし、懐かしき峠の家、またとなきふるさと」（竜田和夫訳詩）

スコットランド民謡では『故郷の空』の一部は、「夕空晴れて秋風吹き、月影落ちて鈴虫鳴く、思えば遠し故郷の空、ああ我が父母、いかにおわす」（大和田建樹訳詞）

歌曲では、ミュラーの詩にシューベルトが作曲をした『菩提樹』の一部は、「面（おも）をかすめて吹く風さむく、笠（かさ）は飛べども、すてて急ぎぬ。はるか離（さか）りてたたずまえば、なおも聞こゆる、“ここに幸あり”」（遠藤朔風訳詩）

外国の民謡にはそれぞれの事情や心情で古里を離れ、再び帰郷した時の故郷は幼い頃の風の優しさを肌に感じ、風の香で心が揺さぶられる。風は人々の望郷や郷愁を代弁するそんな役割を担っている。風は目には見えないが、頬に触れる優しさが人の想いの中で見え隠れしながら心をくすぐる。時には激しくぶつかったりする、魂を持った生き物のように。

日本の歌では、寺島尚彦作詞作曲の「サトウキビ畑」が挙げられる（**図 3-2**）。風がサトウキビの葉にぶつかる音を、緩やかなリズムで「ざわわ、ざわわ・・・ただ風が通り抜けるだけ・・・」と詠っているが、戦争で父親を亡くした沖縄の少女の悲しい歌で、風の音を人の心のざわめきに掛けあわせた美しい歌で有名である。過去の第二次世界大戦での辛い出来事を思い返さずにはいられない。

図 3-1 楽器の演奏中に行う声明
（提供：高野山真言宗龍源山
功徳院）

図 3-2 歌“サトウキビ畑”（石垣島）

(5) 風と音・音楽に関する用語 ［広辞苑（岩波書店）、国語辞典（岩波書店）、漢和大辞典（学研）］

・風角（ふうかく）：①昔の占いの一種で風の方向や音によって吉凶を占う術（風気とも）。②風にのって聞こえる角笛の音。
・風琴（ふうきん）：風鈴。琴の一種。オルガン。アコーディオン。
・風号（ふうごう）：風が音をたてて吹く。風が鳴る。
・風誦（ふうしょう）：声を上げて読むこと。特に経を読むこと。読経。徳をたたえること。
・風声（ふうせい）：①風の音。②人の消息を伝え聞くこと。風のたより。③風格と声望（世間の良い評判と人望）。人柄。評判。④人を動かす教え。教化。
・風鐸（ふうたく）：①仏堂や塔などの軒の四隅などにつるしておく青銅製で釣り鐘形の鈴。②風鈴。
・風竹（ふうちく）：竹が風に吹かれて音をたてること。また、その竹。
・風笛（ふうてき）：風にのって聞こえてくる笛の音。
・風謡（ふうよう）：①はやりうた。俗謡。②「詩経」の国風篇のうた。各地の民謡。
・風鈴（ふうりん）：金属、ガラス、陶器製の小さい釣鐘形の鈴。軒下につり下げ風が吹くと揺れて鳴る。
・管楽器・吹奏楽器：呼吸など空気の流れによって音を発生させる楽器。英語では

wind instrument（風楽器）、フルート、トランペット、クラリネット、オーボエ、サクソフォーン、横笛、尺八、オカリナなど。金管楽器と木管楽器に区分される。

・笛：竹管に穴を開けてつくり、穴から息を吹き込んで鳴らす。笙・尺八など、息を吹いて鳴らす楽器の総称。

なお、最後に興味深い表現法を紹介して終わりとしたい。それは吹(ふ)き遊(すさ)ぶ（笛などを慰みに吹く）であるが、古典の中の文学と音楽を連想させる。現代人は概して忙しいが、筆者もこのように楽器を嗜(たしな)み、奏(かな)で、弄(もてあそ)びたいものである。

「風」の用語　［漢和大字典』（学研）］

風：ふう、ふ、かぜ、かざの読みがある。解説では断らない限りふう（ふ）の読み。

①風(かぜ)；揺れ動く空気の流れ。例；清風、八風（季節風）、風土、風雨凄凄(せいせい)。

②揺れる世の中の動き。揺れ動いて変化する動き。例；世風、風潮。

③姿や人柄(ひとがら)から発して人心を動かすもの。例；風采、風姿、風格。

④そこはかとなくただよう趣(おもむき)。景色。ほのかな味わい。例；風光、風味。

⑤ゆかしい趣。上品な遊び。道楽。例；流風余韻、風雅、風流。

⑥大気の動き、気温・気圧などの急変によって起こる病気。例；風疾、風邪、風者百病之長邪＝風は百病の長なり。

⑦ショックによって気のふれる病気。頭が変になったさま。瘋(ふう)（ほう）。例；風顛(ふうてん)＝瘋顛(ふうてん)、瘋癲(ふうてん)。

⑧歌声。民謡風の歌。転じて、お国ぶり。ある地方のならわし。例；国風、衛風、風俗。

⑨風(かぜ)に吹かれる。風に当てる。例；風乎舞雩＝舞雩(ぶう)に風す。

⑩風(かぜ)が物を動かすように、言葉で人の心を揺り動かす。それとなく人を教える。感化する。諷(ふう)。例；風刺＝諷刺、風教。

⑪春・秋の風(かぜ)や大気の変化によって生理も変動することから；動物が発情する。さかりがつく。牛馬其風＝牛馬それ風す。

4　風がつくる神話と伝統行事

風と神々の関係について考えると、大宇宙という無限の世界の中できわめて小さな太陽系の中の小さな星である私たちの住んでいるこの地球は、他の星とは異なる生物に欠かすことができない酸素を含む薄い大気層に包まれている。この大気は大小の風を起こし、気流となって地球全体を駆け廻っている。

風の流れと植物は酸素を再生し、生物の生存や成長に大きな役割を担っている。そのため、人類誕生と共に、人は風の起こす自然の脅威を神々への畏れとみなして、神の怒りを鎮めるために様々な祈祷を行ったり、感謝の祭事を執り行ったりしてきたことは、世界各地で見られる。そして、世界各地域でそれぞれの風土に根づいた神話や宗教が誕生した。それは、どれも人類誕生の紀元との関連をはっきりさせることであったろう。

(1) ヨーロッパの神々

ヨーロッパを見ると、まず北欧では、この世界は海も大地もなく奈落の口があるのみで、南方の熱風と北方の氷がぶつかり、その氷が解けて巨人ユミルと牝牛が生まれ、牝牛が塩の付いた石を舐(な)めて人間が誕生した。人間はユミルを殺し、死んだユミルから万物が誕生したとある。

ギリシア神話では、空虚カオスが存在し、次第に大地ガイアと冥界タルタロス、生成エロス、闇エレボス、夜ニュクス、天の気アイテル、昼ヘメラが生まれた。大地ガイアは一人で天ウラヌスを生み、そこからティタン親族が誕生し、様々な神々が生まれた。

バビロニア神話では淡水アプスーと海水ティアマトが混ざって様々な神々が生まれ、旧世代の神キングと新世代の神マルドゥクとの争いで新世代の神が勝利し、新世代マルドゥクは海水ティアマトを殺し、その遺体から天地をつくり、旧世代キングを処刑して、その血から人間をつくった。

ユダヤ教の創世記には天地創造があり、神が天と地をつくり、光と闇を分け、空と水を分け、水と大地を分け、そこに万物をつくり、最後に神の形に似た人間をつくったとある（以上[1]より筆者が要約）。

これらはどれも、人間の存在を明確にするために無理につくられた創造記であるが、人々はそれを支えに、今日まで発展し繁栄してきた。

その他、インダス文明や中国文明、インカ文明、エジプト文明など、世界各地の創世記の出現は数知れないが、日本でも神々が誕生し、天地創造がなされたことを古事記と日本書紀に見てとれる。

(2) 日本の神話

古事記は天武天皇の時代に、天皇が神の子孫であり、天下統一の意義づけのために天武天皇の命によって稗田阿礼と太安万侶の2人が712年に、また舎人親王によって720年に編集された。古事記は国内向け、また日本書記は海外向けに天皇の正当性を知らしめるために編纂されたものである。

まず、日本創世については、「天地初めて発れし時に、高天原に成りし神の名は、天之御中主神」と書かれている。わかりやすい現代語の要約を引用すると、「天と分かれたばかりの地上世界はまだ固まりきらず、水に浮かぶ油か、クラゲのように頼りないものだった。その漂いのなかから、まるで葦が芽吹くようにウマシアシカビヒコヂがうまれ、さらにアメノトコタチがあらわれる。しかし彼らも、やはり姿を消してしまうのだった。これまでの五柱の神々は別天つ神として特別な神と言われ、その後神々が生まれるが、イザナギとイザナミ誕生までを神世七代と言われ、イザナギとイザナミは　多くの神々を生んだ。その中に海の神、風の神、木の神も生んだ。風の神は志那都比古神、風害を防ぐ神（風木津別之忍男神）と言われている。またイザナギの禊から雷神と風神が誕生している。農耕民族にとって避けられない風神雷神の脅威を神々として崇め、田植えや収穫時期に稲作の節目として祭事を行うようになった」（[1] より筆者が要約）。

(3) 延喜式の目的

後醍醐天皇が養老律令に対する施行細則を集大成した古代法典を延喜5（905）年に藤原時平ほか11名に編集を命じた。その後、延長5（927）年に藤原忠平ほか4名で再編集がなされた『延喜式』が挙げられる。「祝詞の『六月晦大祓』が過酷な夏を乗り越えるための自然への脅威とそれを鎮める祝詞が残されている。『・・・皇御孫の命の朝庭を始めて、天の下四方の国には、罪と云う罪は在らじと、科戸の風の天の八重雲を吹き放つ事の如く、朝の御霧・夕べの御霧を朝風・夕風の吹き掃ふ事の如く、・・・かくかか呑みてば、気吹戸に坐す気吹戸主と云ふ神、根の国・底の国に気吹き放ちてむ。かく気吹き放ちてば、根の国・底の国に坐す速佐須良比羊と云う神、持ちさすらひ失いてむ。・・・』。平安京平安宮朱雀門を祓戸として、『延喜式』は神祇官が宮中の男女百官を集めて旧暦の六月と十二月の末日に六月の夏越の祓と十二月の晦大祓が行なわれた」（[2] より筆者が要約）。

今日でも全国の神社で執り行われていて、「夏越の祓」は毎年旧暦6月30日に行わ

図 4-1　筑波山神社

図 4-2　男体山（左）、女体山（右）の霊峰・筑波山（見る場所により見える形が異なる）

れ、神社では、参詣人に茅（チガヤ）でつくった輪をくぐらせて祓い清める行事として広く知られている。

また、この『延喜式』神名帳の中には、常陸国筑波郡に「筑波山神社二座一座名神大一座小」（筑波山神社、**図 4-1**）と延喜式内社（祈年祭の官幣、国幣の奉幣にあずかる神社で 3,132 座がある）に記載され、うち名神大社（霊験優れた神）が筑波男神、小社が筑波女神（**図 4-2**）とされているが、古事記に記載されているイザナキの尊とイザナミの尊は別天つ神に国産みを命ぜられ、玉飾りのついた矛を授かり、天界と下界をつなぐ天の浮橋に立って矛を海に突き刺してかき混ぜてから引き上げると、矛先から塩がコロコロと滴り落ち、それが積って島となった。おのずと凝り固まったという意味からオノゴロ島となったとある。

このオノゴロ島が筑波山であるとい言う一説が筑波神社伝「筑波山縁起」に残されていると言われ、筑波山の女体山山頂に天の浮橋が造られている。この筑波山は古くから信仰の山として崇められ、「常陸国風土記」には、神祖の尊（天照大神）が全国の神々を尋ねている時に、福慈の岳（富士山）の神に宿泊を願ったが断られた。それに対して、筑波山は歓待して神祖を迎えたことから、以後、富士山は年間を通して雪に覆われ、人が立ち入ることが難しくなったのに比べ、筑波山は人の出入りが多く、豊かさを得ることができたと記されている（[4] より筆者が要約）。

確かに、筑波山中腹周辺は年間を通して温暖で、柑橘類（北限）をはじめ果物の産地として昔から知られている。また山頂からは不思議にも清水が湧き出し、周辺はカタクリの群落地があり、訪れる人々の心を和ませてくれている。

余談であるが、この山頂から流れる清水「男女川」は、陽成院が訪れた際に「筑波嶺(ね)の峰よりおつるみなの川恋ぞつもりて淵となりぬる」(百人一首、後選集・恋三)[3] と詠まれており、有名である。

(4) 風土記

全国的に地方の気候や風土(ふうど)、文化、政治、神話、伝承などをまとめた風土記(ふどき)が挙げられる。風土記は和銅 6(713)年、元明天皇の詔(みことのり)によって諸国の郡や郷土の由来、地形、気候、産物、文化、神話などの編纂がされた主な風土記は、出雲風土記、常陸(ひたち)風土記、紀伊風土記、筑前国風土記、那須風土記などが挙げられる。この中で、常陸風土記は古風土記 (717 ～ 724) と言われ、最も古い。また、出雲風土記も古風土記と言われ、天平 5 (733) 年、当時の出雲の国 9 郡の風土などが編纂されている。風土という風を含んだ言葉は広辞苑によると、「その土地固有の気候・地質など、住民の生活・文化に影響を及ぼす自然環境、土地柄 」ということである。

風に関する文化的な面では、神話や日本書紀でも取り上げられているように、日本の自然の風の影響は大きく、必然、風への畏怖(いふ)の念は祭事の中心的行事となっている。日本列島は自然科学的に見て、大陸からの偏西風、春一番、南南東の辰巳(たつみ)の風、北北西の戌亥(いぬい)の風等が挙げられる。

日本書紀では、戌亥(いぬい)の風や辰巳(たつみ)の風に対する神事で、諏訪では「 風の大祝(だいしゅく) 」、阿蘇神官による「 風切り 」神事が行われていたとの記録がある。広辞苑によると、「 古事記では『天之日矛(あめのひぼこ)の持ち渡り来し物は・・・風振る領巾(ひれ)(古代、波をおこしたり、害虫や毒蛇をはらったりする呪力があると信じられた)』。風を止め鎮める呪力を持った領巾(ひれ)をおまじないとして設置していた」[逆引き広辞苑 (岩波書店)] とある。その他、風の強い地域での祭事は古くから重要な神事や祭事として行われている。

5　おわら風の盆とおわら節・踊り

9月は強い台風の襲来が多い。富山県八尾地方では立山連峰から吹き下ろす局地風（ダシ、フェーン風）は稲に白穂などの風害を起こす。この風害を避けるために唄や踊りで風神を鎮め、豊作祈願を行ってきた。その祭りが風の盆であり、独特の唄と踊りがある。

（1）越中八尾の歴史

八尾（やつお）（飛騨の山々から越中側へ延びる8つの山・尾根の意味）は、富山平野の南西部、飛騨山脈の麓、岐阜県との県境に位置する街道筋に発展した小さい町である。かつては富山藩の御納戸所（財政蔵）として街道の交易の拠点として繁栄していた、その繁栄を物語るのが絢爛豪華な曳山（ひきやま）（装飾した奥屋型の屋台山、山車（だし）を曳くこと。**図5-1**）とおわら風の盆（Owara Kazenobon Festival）の踊り（豊年踊り。**図5-2、5-3**）である[1]。

八尾は飛騨から日本海側へ抜ける街道筋にあり、古くから多くの人々が往来していた。戦国時代は戦略の要となり、江戸時代には産業と交通の要所として栄えた。江戸時代に町建て（町造り）を行って以来、長期間、養蚕の生産を拡大していった。その販路は飛騨、加賀、能登、越前の近隣国をはじめ、丹波、但馬、美濃、東北など17諸国に及び、富山藩の財政を支えるほど繁栄した。町の商いは養蚕だけでなく和紙、薬草、木炭など様々な商いに拡大し、生産物の集積地となって町筋も拡張された。さらに経済が発展すると豪商たちが生まれ、町には日本各地の芸能や文化がもたらされ、八尾は大いに賑わい、町民の暮らしを豊かにした。町民の芸能文化への関心の高さは町造りに始まり、曳山神事やおわら風の盆として今日に受け継がれている。

（2）おわら節の起源

おわらの興（おこ）りは明確ではないが、おわら節の起源は「越中婦負郡志」によれば、元禄15（1702）年3月、八尾の聴衆が加賀藩から下された「町建御墨付」（町建設許可）を町の開祖・米屋少兵衛家の所有から取り戻した祝いに、3日3晩の歌舞音曲無礼講の賑わいに町を練り歩いたのが始まりとされている。どんな賑わいもお咎（とが）めなしで、春祭りは三味線、太鼓、尺八など鳴り物も賑々（にぎにぎ）しく、童謡、浄瑠璃などを唄いながら仮装して練り歩いた。これをきっかけに盂蘭盆会（旧暦7月15日）にも歌舞音曲で練り歩くようになり、やがて9月1～3日に行う二百十日の風の厄日（立春から210日目の9月

1～2日に当たり台風害が多い日）に風神鎮魂を願う風の盆と称する祭りに変化していったとされている。

「おわら」の言葉には幾つかの説があり、江戸時代に八尾の遊芸の達人たちが七五調の唄を創作し、唄の中に「大笑（おわら）い」を差しはさんで町内を練り廻ったのがおわらと唄うようになった説、豊年祈願からの「大藁（おおわら）」説、八尾近隣の大原村の娘が唄い始めた「大原村」説などがある。

また、「おはら」がいつ「おわら」になったかも明確ではなく、明治時代には「大（おお）原（はら）」の表記である。なお、「おわら」を囃子詞に入れる民謡は全国各地にあり、人々に好まれた唄が様々な経緯で各地に根づいて「おはら、おわら」になった。中でも越中八尾の「おわら節」は全国的に知名度が高く、明治期から多くの人が、レコードに録音を残している。

（3）風の盆の由来と叙情

立春から数えて二百十日の前後は台風襲来が多い。山から麓に吹き下ろす秋風・強風は稲に害を及ぼす。昔から収穫前に稲が風害に遭わないよう唄や踊りで風の神様を鎮める豊作祈願が行われてきた。その祭りを「風の盆」という。また、「風の盆」には地元で休みのことを「ぼん（盆日）」という背景があり、種まき盆、植え付け盆、雨降り盆など「盆」の呼び名に由来するともある（**図 5-2**）。

おわら節の深みある叙情性が日本人の心を打つのは、時代が求めた形に改良を加えて洗練してきたためとされる。おわらのように音曲と踊りに芸術性を求めて改革に取り組んだ民謡は、他に例を見ない。

昔、富山藩財政を支えるほどに繁栄した八尾は文化的にもかなり熟成しており、上方や江戸の清元、常磐津（ときわず）、都々逸（どどいつ）、浄瑠璃、謡曲など芸事をたしなむ達人が多くいたため、一家に一つは三味線があった。達人の気風は地元花街の確かな芸を身につけた名妓の歌舞音曲に学び、芸事に洗練されたおわらは、江戸や上方の都会的で粋な艶を持つ音曲になった。

その後も芸として高めようと地元の有志が努力して、今日の艶（つや）やかで心に染みるおわらが完成したとされる。

（4）おわらと民謡ブーム

明治30年代から昭和初期にかけて、地方から都市へ働きに出る人が増加すると共に、民謡興業が盛んになり民謡ブームが起こった。日々の暮らしや労働の中から生まれた俚（り）

図 5-1　八尾の曳山の屋台(山車)[1]

図 5-2　おわら風の盆のポスター[1]

謡(里唄)は、猥雑さを削ぎ落として民謡と呼ばれるものに再生されていき、レコードやラジオを通して急速に庶民の心に浸透していった。

昭和 8(1933)年に発行された「日本の民謡」には、「～おわらは流行る、どこでもはやる、わけて八尾はオワラ、なおはやる～」という唄が掲載されている。当時のおわらの流行振りが伺える記述である。「おわら」の形がほぼ完成し、全国に知られるようになったのは、民謡というジャンルが定着してきた頃と時を同じくしている。それ以来、おわらの人気は衰えることなく、今日まで続いている。この背景には大正時代の大正デモクラシー・ロマン・モダンに対して民謡の人気を失い始めた頃に、おわら節研究会、甚六会、民謡おわら研究会による改良があったためとされ、新作おわら、現代おわらの作成・努力が効を奏した。

さて、新作おわらは、

ゆらぐ釣り橋 手に手を取りて　渡る井田川 オワラ 春の風

富山あたりか あの燈台は　飛んでゆきたや オワラ 灯とり虫

八尾坂道 分かれて来れば　露か時雨か オワラ はらはら

若しや来るかと 窓押しあけて　見れば立山 オワラ 雪ばかり

おわら古謡では、あなた今来て 早お帰りか　浅黄染めとは オワラ 藍たらぬ

(5) おわらと胡弓の出逢いとおわらの改良

おわらになくてはならない哀調の音色を奏でる胡弓が、松本勘玄によって取り入れられたのは明治 40 年代である。勘玄は輪島塗の旅職人で、大阪で浄瑠璃の修行をしてお

り、義太夫、端唄、長唄、小唄とあらゆる三味線音楽に通じていた。八尾に盲目の越後女の佐藤千代が訪れ、そこで胡弓に出会った。以来、おわらの唄と三味線に胡弓を合わせようと研究に励み、その苦心の成果が現在の哀調を帯びた独特の旋律となった。なお、江戸時代に普及した胡弓は、多くは弦を擦る連続音に馴染めず尺八に変わっていったが、逆にここでは唄と同じ旋律を奏でる尺八から胡弓に変わった。

大正 8 (1919) 年に誕生した「おわら節研究会」がおわら(唄や豊年踊り)の改良を行った。大正 13 (1924) 年に「民謡おわら研究会」(川崎順二理事長)が設立され、昭和 4 (1929) 年に越中八尾民謡おわら保存会会長となった。格調の高い芸術にするには一級の芸術家の評価を得る必要があると考え、各界の文化人を招き八尾で味わってもらうよう私財を投じて活動した。それ以来、文化意識の高いおわらの踊り、唄、三味線、胡弓は芸として研鑽を積むようになった。おわらを粋な芸に高めたのは順二と地元の若者であった。保存会は 1951 年、「富山県民謡おわら保存会」と改称され、順二の意志は継承されて多くの人々を魅了している。

なお、現在のおわら唄を創ったのは江尻豊治であり、生来の声高で繊細な美声に加え、文楽仕込みの情感豊かな唄い振りで、上句、下句を中継ぎ一息で唄いきる独特の節回し“江尻調”は一層洗練させた。これがおわらの正調を完成させた。一方、伯兵衛は独唱形式を確立した。

おわらに欠かせない役割を担っているのが唄と楽器を奏でる地方である。これは唄い手、囃子方、三味線、太鼓、胡弓である。唄の調べは遠くに放とうとするかのような甲高い声で唄い出し、息継ぎなしに詞の小説をうねらせながら楽器の調べに溶け合い、唄は楽器の調べに応え、楽器は唄に応える。この音の絡みがおわら節独特の音曲となっている。唄が終わると「合いの手」と呼ばれる楽器だけの間奏曲が奏でられる。唄の旋律と全く異なる演奏は民謡では珍しいとされ、これがおわら独特の哀調を醸し出している。

(6) おわら踊り

豊年踊り(**図 5-3**)は古くから踊られる踊りで老若男女を問わない踊りである。種まきや稲刈りの農作業の動きを手、指先を巻くように踊る要領で表現している。風になびくよう、水に揺れるように、指す手、引き手の動きが列をなして通りを流れる様子はとても美しく観られる。豊年踊りは旧踊りで、新作踊りは男踊りと女踊りがある。

おわら風の盆の行事内容は大別すると町流し、舞台踊り、輪踊りがある。町流しは町筋を地方の演奏に合わせて踊り流すもので、おわら最大の特徴である。舞台踊りは

図 5-3　おわら風の盆の旧踊り（豊年踊り）［1］

演舞場や特設舞台で男踊り、女踊り、豊年踊りを組み合わせて毎年創意工夫を凝（こ）らす。女踊りの「四季踊り」はこの舞台踊りでしか見られない。輪踊りは地方を囲むように踊り手が輪を作り踊るもので素朴さがある。各町には演技者のみのものと観光客を交えるものの 2 通りがある。

なお、おわら風の盆の流しを行う旧町は山の斜面に細長くできた坂の町で、通りの両側に雪流しや防火用に使われる「エンナカ」と呼ばれる用水があり、心地よい水音をさせている。このエンナカの水音とおわら風の盆が環境省の「日本の音風景百選」に選ばれている。普段、静かな山間の町が年 1 回、おわら風の盆に染まる。

（7）八尾の曳山祭

越中八尾では毎年 5 月 3 日に曳山祭（**図 5-1**）がある。江戸時代の富山藩の御納戸所として栄華を極めた町人文化の象徴であった曳山神事が今も伝承されている。これは八幡社の春季祭礼として江戸時代 1741 年頃から延々と続いてきた伝統行事である。曳山は二層（2 階建て）形式の屋台山で、越中名匠によって人形、彫刻、彫金、漆工金、箔、棟梁など美術工芸の粋を集めた郷土文化の代表作で富山県有形民族文化財に指定されている。御輿と 6 台の曳山が連なって町を曳かてれていくと人々は厳かな気持ちになる。その曳山全体を装飾している彫刻は歴史上の人物、物語など縁起物が多い。在原業平、三国志の関羽、小野小町、獅子の子落とし、浦島太郎、白楽天、菅原道真、周の文王、飛龍、応神天皇、大黒天、神武天皇等々、壮々たる人物、出来事が絢爛たる彫刻を魅せている。

三味線、笛、太鼓の奏でる典雅な曳山囃子について凛々（りり）しい若者達が揃いの法被（はっぴ）姿で曳く山は夜ともなれば 2,500 余りの提灯（ちょうちん）が闇夜に浮かんで動く様は観衆を魅了する。

6　風と和歌・俳句

ここでは、短い文で形態が決められている短歌や俳句を取り上げてみたい。

どちらも比喩的自然描写が多く見られるが。特に、万葉集は歴史も古く、奈良時代初期から詠われ、上流階級から身分の低い防人（さきもり）まで範囲は広い。平安時代は貴族社会が主流となり、自然を内的共有者と捉え、人生や日常生活の一部を自然代替として美的解釈をしている。また、万葉集や古今和歌集などには恋歌が多いが、直接的表現ではなく、言葉で表現しきれない切ない思いを自然に託して詠うことが多い。
17 文字の短文に自然世界を凝縮して表現する俳句は、江戸時代に確立されていったが、世界で最も短い文学と言われている。

(1) 風を詠む和歌

和歌は日本の美しい自然を表現したものが多くを占めている。特に、百人一首では、古今集に選集されている文屋康秀（ふんやのやすひで）の作品が、風そのものの姿と特徴を言葉で見事に表現している。

ふくからに秋の草木のしおるれば むべ山風をあらしといふらむ

注釈：風が吹くと、すぐに山の草木が色あせるので、山風を嵐というのであろう [3]。

嵐の語源のいきさつを和歌で詠む粋な感覚が感じられる。

万葉集の藤原敏行が、視覚的には見ることができない風の姿を、物に当たって発する音を、「風だ」と意識させる動的な表現をしている。

秋来ぬと目にはさやかにみえねども 風の音にぞおどろかれぬる

（万葉集、巻 4、秋上、169）

注釈：秋が来たと目にはっきりと見えないけれど、風の音でハッと気づくことだ [3]。

風の姿形は見ることができないが、風が吹く時のささやかな風の音が唯一の手掛かりとなる抒情的であり、かつ神秘性を感じさせる。

図 6-1 に秋の筑波山中での様子を示す。

自然描写を入れつつ詠う恋歌も多く見られる。ここでは、歌人としての才能はもとより、憂いを持った美人として多くの男性貴族と恋の歌詠みを競ったことで知られている小野小町が挙げられる。しかし出生も没年も明らかではない。晩年、宮廷の女官を辞して

図 6-1　秋が紅葉でわかる。筑波山中の風を感じる

図 6-2　小野小町の墓
（筑波山の麓。土浦市小野）

図 6-3　太宰府政庁跡

全国を放浪したことは、日本各地で、「小野小町の墓」が残されていることからも知られる。筑波山の麓にもお墓（**図 6-2**）があり、伝説が残されている。

秋風にあふたのみこそかなしけれ 我が身むなしくなりぬと思へば
（古今和歌集、85）

注釈：秋風にあう田の実（頼み）こそつらいものだと思います。飽きられて頼みを失った我が身が空しくなってしまったことを思えば [3]。

秋風も田の実も他でもない自分の心のせつなさ、哀しさを自然に同化して擬人化させて表現している。

また条件は異なるが、冤罪を着せられ遠く九州の太宰府（**図 6-3**）に左遷させられた菅原道真は、都を出るときに残していく妻と梅の木に、

東風吹かばにほいおこせよ梅の花 主なしとて春を忘るな
（拾遺和歌集）

後に「春な忘れそ」と書かれるようになった歌を残している。

注釈：春になって東風が吹いたら、主人の私がいなくても、花を咲かせることを忘れないでほしいことを詠っている [3] 。

この和歌は百人一首にも選ばれていて有名である。太宰府左遷は官命であるため、それに従わざるを得なかったようだが、漢詩「代月答」で答えている。

天玄鑑を廻らして雲将に霽んとす。ただこれ西に行く、左遷ならじ

注釈：見よ、大空はあやしい鏡を廻らせて、私を掩っていた雲を取り去ろうとしている。月に問い掛ける人よ。私は左遷されているのではない。ただ西へ行く運命なのだ [2]。

哀しみと苦しみに耐えながらも、春の到来（冤罪が晴れること）を願っていたことと思われる。

(2) 風を詠む俳句の世界

俳句でも、その作風には日本の自然を美的に豊富に表現している。松尾芭蕉以前の俳人に池西言水が挙げられるが、僅か 17 文字の中に「風」の姿を「冬」という、厳しい自然に逆らうこと無く、静かに穏やかに受け入れる情景を見事に表現している。

凩の果てはありけり海の音（冬）

注釈：吹き荒ぶ木枯らしのその果ては、海に入って海の音となるのだろう [1]。

松尾芭蕉は『武蔵曲』で、それまでの古典的俳句に対して、文学性と芸術性を一段と高めていった。芭蕉は自然の情景の中に、人間の心理描写を巧みに組み込ませ、その質を高めていったと思われる。

芭蕉野分してたらいに雨を聞夜哉（秋）

注釈：そとでは芭蕉が野分《秋の台風の古い呼び名》の風にざわめき、中では雨漏りの水が盥に落ちる音を聞いている夜だ [1]。

この句は芭蕉がまだ若かりし頃の作品で、自然の風を日常生活に重ね合わせて表現し、それをさりげなく受け止めている興味ある一句である。

近代の俳句は、代表として正岡子規が挙げられる。子規は、芭蕉の句や従来の作風に反発して新しい風を吹き込んでいった人である。東京大学で勉学中に結核を患い、郷里の松山へ帰郷の途中に、念願だった木曽路への旅で木曽の美しい自然を詠った句があるが、それまでの伝統的な俳句の作風とは一線を引き、自然の美しさを取り入れつつも、生活と重ね合わせた心理的表現で、さらに深みのある作品に高めている。

馬の背や風吹きこぼす椎の花（子規）

また、短歌も美しい。

またきより秋風そ吹く山深み 尋ねわびてや夏もこなくに（子規）

病床にあってもなお、文学に対する飽くなき挑戦に、何か超越した感覚に魅かれる見事な句がある。

夏嵐机上の白紙飛び尽くす（子規）

高浜虚子の句も目に見えない「 風 」を見事に表現している。

春風や闘志いだきて丘に立つ（虚子）

厳しい冬を乗り越えての、温かな春風を全身に受け入れながら、新しい芽吹きのエネルギーを自らの闘志としてしっかりと大地に立つ気持ちであろうか。

ちなみに、筆者の地元筑波山を訪れた時の句も残されている。

赤蜻蛉（あかとんぼ）筑波に雲もなかりけり（子規）

高浜虚子は正岡子規の子弟である。

とうもんの風

静岡県掛川市南部域は「とうもん」と呼ばれている。この中央部の水田域では春夏季には青々として水稲が生育する光景が見られるが、その稲面に吹く風によって造られる稲の風模様を想像して欲しい。現地ではこの稲の上に吹く風を「とうもんの風」と呼んでおり珍しい呼び方である。稲の穂のある頃には見事な「穂波」が見えるであろうが、穂がなくても風の紋様が稲面（いなも）に形成される。

さて、生きもの語り62、稲面の風〜田んぼの中の仕事（宇根豊、日本農業新聞、2014年6月5日）によると、この稲面の風を擬人化して、「今日も、夏の田んぼの上を走ることが風の楽しみでした。『よし、今日は小刻みに、細かく細かく田んぼの水を波立たせてみよう』、田植えの合間に腰を伸ばした百姓の眼（め）にその風景は飛び込みました。

一月ほど経（た）って、繁（しげ）ってきた稲の葉の上を走り回っていました。『何度やっても飽きないな。今度はどんな絵を描いてやろうかな』、風は、大きく蛇行して流れる川を描いたかと思うと、波立つ波濤（はとう）を描き、次にざわめく森の響きを描きました。『ああっ、少し疲れたな』、田んぼで肥料をまいている百姓の肩の上に腰を下ろしました。風は、そおっと百姓の背中に入り込んでやりました。その日、風は稲の穂を揺らしながら、歌を歌っていました。『一度として同じ姿を見せたことはないが、田んぼは気づいているだろうか』、『わかっていたよ。ところで君の名は?』、『稲面（とうもん）の風さ』（静岡県西部域で稲の上を吹く風を言う。田んぼの風景を言葉にした唯一の事例でしょう）」との解説がある。

以上、本文から要点のみを引用した。なお、稲面（とおもん）は稲面（とうもん）とした。

7　風と歴史・遣唐使

季節風に乗って中国と日本を繋いだ遣唐使船は誰でも知るところであるが、日本を律令国家として確立させるため、多くの著名な政治家や文化人、高僧、技術者を唐に派遣し、先進国、唐の文化や政治の仕組み、学問などを学ばせ、唐からは高名な僧侶や技術者を日本に招待し、日本の文化の発展に寄与してきた。しかし、日本の遣唐使船は造船が未熟で、航行技術は充分でなかったため、東シナ海の激しい季節風や台風に曝（さら）されることが多く、常に命がけであった。無事に唐に辿り着いても、次の船がいつ迎えに来るかは未定で、唐で生涯を終える留学生や僧が多かった。また唐から出航した船も無事に帰れたのは僅かであった。しかし、その数少ない賢人たちの命がけの努力によって、その後の日本は目覚ましく発展していった。

（1）風に翻弄された中国の高僧、鑑真

8 世紀の奈良時代初期に中国より伝来した仏教は、日本に広く取り入れられたが、当時、公的「戒律」などがまだ無く、無放任のまま日本の仏教界は乱れ、僧侶の質が低下していた。当時、中国の唐では、「戒律制度」が既にでき上がっていて、僧になるためには、数十人の僧の前で「授戒」を得て、正式に「僧」としての資格を得ていた。朝廷はこの制度を日本に取り入れるべく、興福寺の栄叡（ようえい）と普照（ふしょう）を唐に遣唐使船で派遣した。

当時、遣唐使船は、一回の渡航で 4 隻の船に 500 ～ 600 人が分乗し、そのうちの一隻でも唐に辿り着ければと、全員が命がけで出向していた。派遣された 12 回のうち、5 回だけが無事に往復できたと言われている。遣唐使船の日本の出航は 6 月から 7 月頃とされていた。季節風が激しく吹き荒れる気象条件の悪い時期に、あえて出航する理由は、12 月までに唐の都に着き、元日の朝賀（唐王朝への元日の慶事の挨拶）に出席するためと言われている。

栄叡と普照は、733 年に第 9 次遣唐使として無事に唐に辿り着き、苦労の末に高僧鑑真に会い、日本での「授戒」を依頼するが、命がけの渡航にどの僧も受け入れなかったため、鑑真自ら渡航する決意をする。しかし、東シナ海を吹き荒れる季節風のために何度も遭難し、途中、失明しながら、753 年、鑑真 65 歳で第 10 次遣唐使船 4 隻のうちの 1 隻に乗って、揚子江南部の揚州を出航し、沖縄、種子島を経て、東シナ海を北上し、薩摩半島の先端に辿り着いた（**図 7-1**）。一方、他の 3 隻は季節風による暴

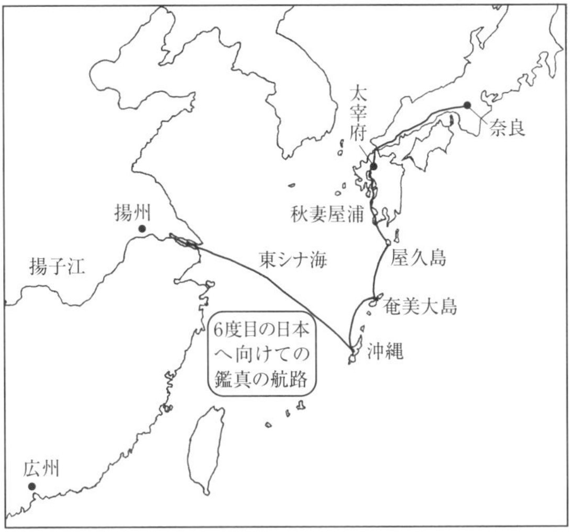

秋妻屋浦（あきめやのうら）は現在、合併により鹿児島県坊津町秋目になっている。明代より琉球との貿易で栄えていた。また、倭寇や遣明船の寄港地でもあった。

図 7-1　日本渡航時の鑑真の経路。中国・揚州から奈良までの経由地点

風で遭難、南洋の島へ流された。また、栄叡は暑さと栄養不足のため途中で亡くなってしまった。

鑑真が日本渡航を決意してから11年もの歳月が流れていたが、その後、鑑真は東大寺大仏殿の前で聖武上皇、孝謙天皇はじめ440名に授戒を行い、その後、東大寺戒壇院を建立し、唐から持参した仏舎利を地下に埋めた。しかし、鑑真は朝廷と対立し、東大寺を追われ、唐招提寺を建立し、この寺院で祖国に戻ること無く75歳の生涯を終えた。東シナ海の暴風に翻弄されながら命がけの渡航をした鑑真の決心がなければ、日本の仏教界は乱れたままであったろう。彼の貢献は今日でも多くの人々に慕われている。

(2) 暴風で明暗が分かれた悲劇の阿倍仲麻呂

奈良時代の716年に吉備真備（きびのまきび）と共に遣唐留学生として唐に渡り、科挙の試験に合格し、玄宗皇帝に仕えた阿倍仲麻呂は、日本への望郷の想い断ちがたく、鑑真と同じ第10次の遣唐使船の一隻に乗り込んだ。仲麻呂は、鑑真とは別の船で帰路に就いたが、4隻の船のうち、鑑真の船だけが日本に辿り着き、阿倍仲麻呂の船は、遥か南方のベトナムの海岸に漂着し、日本に帰ることができずに止む無く長安に戻り、生涯を唐の皇

帝に仕えた。帰国が不可能となった仲麻呂は日本への想いを、

天の原ふりさけみれば春日なる三笠の山に出でし月かも

解説：大空を遠くはるかにながめると美しい月がのぼっているが、あれが日本にいた時見た春日の山の三笠山に出ていた月と同じなのだなあ [3]

と詠んだ。百人一首の一つとして有名である。東シナ海の暴風に翻弄され、帰国することが許されなかった悲劇の物語があったことを忘れてはならない。

(3) 暴風を逆手にとり運をもたらした空海

四国讃岐に生まれた空海は、幼い頃より学問が好きで、同じ年頃の子供たちとは遊ぶことをせず、遊びながら地面に文字を書いていたとの逸話があるほど、神童と言われていた。空海は、18歳で京都の大学に入学したが、将来の官僚の地位だけを目的とする学問に疑問を感じ、仏教や儒教の思想に強い思いを抱いて大学を抜け出し、山林の修行者たちと共に自らも修行を始め、二度と大学へは戻ることが無かったと言われている。しかし、求めているものが何か悶々としていたところ、ある沙門（出家僧）と出会い、「虚空蔵求聞持法」の教えを受けて山林修行を行い、一人、四国阿波（徳島県）の大瀧嶽や土佐（高知県）の室戸岬で修行に励み、24歳の時に『三教指帰』（仏教と儒教、道教の対論について書いた今で言う論文のようなもの）に書いている。また、25歳の時に唐で本当の仏教の真言を学びたいと心に決めていたようである。

延暦22（804）年4月16日、藤原葛野麻呂を大使として遣唐使船4隻が難波住吉の三津崎を出航した。その遣唐使船の一つに、桓武天皇の推挙によって最澄が乗船していたが、5日目に暴風雨に遭い最澄の船以外すべて遭難したため、この時の渡航は中止された。この年、新遣唐使船が出航することがわかり、空海は入唐を実現すべく、急いで得度（剃髪して仏門に入ること）をしている。再度留学僧の選任が行われ、空海は私費留学僧として船に乗ることが許された。年齢は既に31歳になっていた。この時の出航地は肥前国松浦郡田浦（現在の長崎県平戸）からであった。7月6日に田浦を出航した翌日には早くも強い南風に見舞われ、4隻のうち2隻は既に遭難し、空海の船は34日後の8月10日に福州長渓県赤岸鎮巳南の海口に辿り着いた。

遥か南方の地に着いた空海は、大使に代わって福州の観察官宛に書状を作成した。空海は文才に優れていて、その文面は説得力があった。一部を引用すると、「既に本涯を辞して中途に及ぶ比に、暴風は帆を穿ち、戕風は舵を折る。高波は漢に沃ぎ、短船は裔裔（孫そのまた孫）たり。（中略）浪に随って昇沈し、風に任せて南北す」[2] と

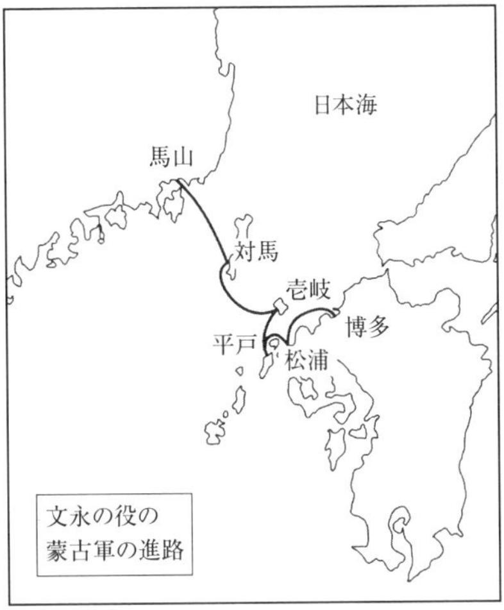

図 7-2　文永の役の時の蒙古軍の来襲経路

ある。

航海中大暴風雨に遭い、小さな船であるため遭難し、漂流してこの地に漂着したことを、漢文で短くわかりやすく訴えている。漢文の素晴らしさに観察官は立派な日本からの使節と理解し、丁重にもてなし、長安まで無事に着くことができたとの記録が残されている。選ばれた特別の留学僧ではなかったにもかかわらず、その後、青龍寺の恵果和尚に出会い、密教の真言の受法を受け、帰国後、嵯峨天皇の庇護の下、高野山を真言密教の本山として全国に広めていった。

一方、選ばれて唐へ行った最澄の船も暴風に遭ったことを記録として残している。引用すると、「滄海(そうかい)（青海原）の中においてにわかに黒風起こる。船を侵すこと常に異なる。諸人は悲しみを懐(おも)い、生を恃(たの)むこと有ることなし。是(ここ)において和尚は種々の願を発(おこ)し、大悲心を起こして、持するところの舎利を龍王に施す。忽(たちま)ちに悪風は息(や)み、初めて順風扇(あお)ぐ」[2]。

最澄は1年後に無事に日本へ帰国したが、充分な経典などを持ち帰れず、後年、空海の弟子にしてほしいと懇願したが、空海に断られたため、弟子の親鸞を空海の下で修業させたとの記録がある。高野山に親鸞の墓石があるのも頷(うなず)ける。

(4) 風に救われた鎌倉幕府

鎌倉時代当時、朝鮮半島の高麗を属国にした蒙古軍（元軍）は2度にわたって日本に襲来した。

文永 5（1268） 年 1 月、元の使者が皇帝（フビライハーン） の通商を求める国書を持って九州太宰府に到着した。国書は、鎌倉幕府の執権北条時宗を通して京の後嵯峨天皇に届けられたが、朝廷での会議の結果、その国書は無視され、使節団は鎌倉で処刑されてしまった。それに怒ったフビライハーンは、文永 11（1274）年 11 月に元軍と高麗軍を対馬、壱岐を経て博多への攻撃（**図 7-2**）を計画したが、この季節には季節風が吹くと帰国が難しく、元と高麗軍は 11 月 26 日に突然博多湾から撤退を開始し、翌日 27 日には敵軍は引き上げてしまった。

弘安 4（1281）年、2 回目の日本攻撃が開始された。元軍の武器や戦法は圧倒的に強く、日本の武士たちを散々悩ませたが、元軍が日本軍の夜襲を警戒して全員船に戻ったところに暴風雨が襲来し、元軍の船は壊滅的被害を受けたことにより事実上、弘安の役は終結した。その後、蒙古（元軍）襲来はない [1]。小国日本にとっては災難であったが、2 度とも季節風と台風（暴風雨）に助けられ、その難を逃れることができた。それ以降、日本は常に「神風」に守られているという「神風神話」が生まれたと言われている。

8　風と近代文学

文学の中での風の表現においては、古典文学では、自然の風そのものを情緒的に優美に楽しむ傾向があったが、近代から現代においては、むしろ人間世界の内面的な葛藤や社会的な外部の葛藤など幾つかの利用のされ方が多く見られるようになった。幾通りかに区分してみると、第一に社会風刺としての激しい疾風は、富裕社会への反発として反社会的な捉らえ方、穏やかな風は平和的社会への安堵感を表現するのに用いられている。また、自然に対する畏怖（いふ）は、伝説、民話の中で自然の驚異として表現されている。そして、心理的な葛藤など多様な使い方や表現に利用されている。

(1) 社会風刺の風

日本は明治時代に入り、急速な近代化を推し進めてきた。しかし、世界経済に追いつくための産業革命は、悲惨な労働条件の下で多くの貧しい労働者を生み出してきた。また、江戸時代の封建的考えはなおも根強く残り、労働運動は発生することすらなかったが、細々であるが、しかし台風のように烈しく社会批判をする一部の労働運動家、社会思想家が現われはじめた。その中で社会風刺の代表作に小林多喜二の『蟹工船（かにこうせん）』[2]が挙げられる。

冬の北方カムチャッカ海峡の海での蟹工船に雇われた季節労働者、貧しい漁師や農民、土方（どかた）、学生、雑役夫（ざつえきふ）は、航海法で認められていない劣悪な船の過酷な環境の中での非人間的扱いと、会社の利潤や国益優先のため酷使された状況を、カムチャッカ海峡の暴風と波浪に向かって闘い挑む労働者として表現されている。

内容を抜粋すると、「オホツック海へ出ると、海の色がハッキリもっと灰色がかって来た。着物の上からゾクゾクと寒さが刺し込んできて、雑夫（ざつふ）は皆唇をブシ色にして仕事をした。寒くなればなる程、塩のように乾いた、細かい雪がビュウ、ビュウ吹きつのってきた。それは硝子（ガラス）の細かいカケラのように甲板（かんぱん）に這（は）いつくばって働いている雑夫や漁師の顔や手に突きささった。波が一波甲板を洗って行った後は、すぐ凍えて、デラデラに滑（すべ）った。・・・カムサッカの海は、よくも来やがった、と待ちかまえているように見えた。ガツガツに飢えている獅子のように、いどみかかってきた。船はまるで兎より、もっと弱々しかった。空一面の吹雪は、風の工合で、白い大きな旗がなびくように見えた。夜近くなってきた。然（しか）し時化（しけ）は止みそうもなかった」。

「・・・・『この蟹工船だって、今はこれで良くなったそうだよ。天候や潮流の変化の観測が出来なかったり、地理が実際にマスターされていなかったりした創業当時は、幾ら船が沈没したりしたか分からなかったそうだ。露国の船には沈められる、捕虜になる、殺される、それでも屈しないで、立ち上がり、立ち上がり苦闘して来たからこそ、この大富源が俺達のものになったのさ』」。

「・・・『兎が跳ぶどオー、兎が！』。海一面、三角波の頂きが白いしぶきを飛ばして、無数の兎があたかも大平原を飛び上っているようだった」(以上、現代仮名使いとした)。

労働者をむさぼりくう権力者を暴風と荒波にたとえ、今にも波に飲み込まれそうになる沈没寸前のボロ蟹工船での虐げられた労働者を表現している。

(2) 人権と部落差別と風の関係

島崎藤村の『破戒』[3] は、部落差別、人権差別を取り上げた作品として有名である。日本の歴史の裏の部分では、長い年月をかけて人間社会に深く根づき人間同志の差別を生み出してきた。人権差別と部落差別の歴史は古く、差別の存在の哀しさをこの本は教えてくれている。大正 13 年 11 月に差別撤廃を叫んだ全国水平社創立大会が京都で開かれたことをきっかけに部落解放運動という差別に対するひとつの怒りのうねりを『破戒』は初冬の暗い姿に比喩して表現している。それは、冷たく吹き荒ぶ凩（強い北寄りの風）のうねりの中で部落出身の猪子蓮太郎と丑松との異なる性格を対比させながら、この物語は展開されていく。

『破戒』の一文を引用すると、「その日は灰色の雲が低く集まって、荒寥とした小県の谷間を一層暗鬱にして見せた。烏帽子一帯の山脈も隠れて見えなかった。・・・昨日一日の凩で、急に枯々な木立も目につき、梢も坊主になり、何となく野山の景色が寂しく冬らしくなった。長い、長い、考えても滝悶するような信州の冬が、到頭やって来た。人々は最早あの 梔 染の真綿帽子を冠り出した。荷をつけて通る馬の鼻息の白いのを見ても、いかにこの山上の気候の変化が激烈であるかを感ぜさせる。丑松は冷たい空気を呼吸しながら、岩石の多い坂路を下りて行った。・・・霙は絶えず降りそそいでいた。あの越後路から飯山あたりへかけて、毎年降る大雪の先駆が最早やって来たと思わせるような空模様。灰色の雲は対岸に添い彽徊った、広濶とした千曲川の流域が一層遠く幽かに見渡される。上高井の山脈、菅平の高原、その他畳み重なる多くの山々も雪雲に埋没れて了って、わずかに見えつ隠れつしていた。・・・酷烈しい、犯し難い社会の威力は、次第に、丑松の身に迫って来るように思われた。・・・その身体のことも忘れて了って、一日も休まずに社会と戦っているなんて・・・・野蛮な、下等な人種の悲しさ、猪子先生なぞはそんな成功を夢にも見られない。はじめからもう野末の露と消える覚悟だ。死を決して人生の戦場に上っているのだ。その慨然とした心意気は･･･悲しいじゃないか。勇ましいじゃないか」。

『破戒』は社会小説、人物を善玉悪玉風に類型化して造形し、田舎政治の政略結婚から教員仲間の軋轢（あつれき）、個人の相克と自我を描いている。家庭悲劇、父と子の問題は、丑松とその父との間に存在する。特に重要なことは部落出身の猪子蓮太郎と丑松との関係であり、実践者と認識者という反対の性格を造型しているが、この師弟関係はほぼ同型である。

部落解放運動という暗く冷たい風は今日も吹き続いている。

(3) 風がつくる日本の美

激しい疾風の小説とは逆に、平和的社会の構図として、穏やかな“風”がある。それは、伝統的な日本の美の心を四季折々の自然描写で織り混ぜながら、日本の家族社会を書き表している小説に、川端康成の『山の音』(**図 8-1**)[1] が挙げられる。四季の変化と日本的美意識溢（あふ）れる家族の織りなすハーモニーは、姿として目には見えないが、その存在を自己主張しながら人と人のやりとりや、時間の流れを風という形を使って表現している。もちろん、心理的描写を風の動きで淡麗に描いている。

引用すると、「蟬（せみ）の羽 (四) ・・・　毎夜、桜の木から蟬が家の中へ飛び込んで来る。庭へでたついでに、信吾はその桜の木の下へ行ってみた。八方に飛び立つ蟬の羽音がした。信吾は蟬の数にもおどろいた。雀の群れが飛び立つくらいの羽音だと感じた。桜の大木を見上げていると、まだ蟬が飛び立ちつづけた。空一面の雲が東に走っていた。二百十日は無事らしいと、天気予報は言っているが、今度は温度の下がるような吹き降りになるかもしれないと、信吾は思った」。

「雲の炎 (一) ・・・二人が門から玄関にはいるのを、菊子は嵐と歌とで気付かなかった。・・・レコオドが終わった。菊子はまた針を初めへもどしておいて、二人の濡れた洋服を抱えて立った。修一は帯を巻きながら、『菊子、近所まで聞こえて、のんきだぞ』。『こわいから、鳴らしてましたのよ。お二人が心配で、じっとしていられないんですもの』。しかし、菊子はいくらか嵐に乗りうつられたようにはしゃいでいた。台所へ信吾の番茶を汲みに行きながらも、小声で口ずさんでいた。パリのシャンソン集は、修一が好きで買ってやったものだ。・・・信吾は甘い心を誘われた。女らしい祝いだと、信吾は感心した。菊子も子守歌を聞きながら、娘の追憶にふけっていそうに思われた。『私のお葬（とむら）いは、この子守歌のレコオドをかけてもらおうか。それだけで、念仏も弔辞もいらないよ。』と信吾は菊子に言ったこともあった。本気で言ったのでもないが、ふと涙が出そうになったものだ。・・・嵐の音の向こうに海が鳴っているように聞こえて、その海鳴りの方が嵐の音よりも、恐ろしさを押し上げて来る感じだった」。

「雲の炎（四）・・・夕飯前から嵐模様の大雨になった。停電したので、早く寝た。目が覚めると、庭で犬が吠えていた。海の荒れるような雨風の音だった。額に汗がにじんでいた。春の海辺の嵐のように、室内が重くよどんで、なま暖かく、胸苦しかった」。作品の中で川端康成は心的描写の中に風を吹き込んで日本的品格と美意識とゆったりとした情景を表現している。そのさりげなさに読者の心を掴（つか）んで離さない見事さがある。

なお、**図 8-2** に川端康成が晩年、執筆活動をしていた鎌倉にある居所と川端康成記念會の写真を示す。

図 8-1　鎌倉市内、5月の新緑に映える記念館建物の遠景（中央の右側近くの縦細長3窓の建物。長谷寺より）

図 8-2　川端康成記念會（鎌倉市長谷）

9　風と海外文学

海外で「風」のつくタイトルは、「嵐が丘」や「風と共に去りぬ」など多数見受けるが、ここでは、小説の中で微妙な表現や状況の予測に「風」を取り入れている作品に焦点を当てて見たい。

（1）風と戯曲

ドイツの法律家であり、小説や戯曲作家でもあるJ.W.V.ゲーテの芸術的に表現している作品に「ファウスト(Faust)」が挙げられる。「ファウスト」は戯曲であり、主人公のファウストと相手役のワーグネルとの対話に直接的に「風」という言葉は使われていないが、季節ごとに吹く風に、人の内面および性格的特徴を強調しながら、流れるように絡(から)めるように交差させながら人物像を表現しているが、この戯曲の盛り上がりを予想させる仕組みが感じられる。その一部を抜粋すると、

「ワーグネル　　どうかあの悪名高きやからのことを口になさいますな。

奴らは至るところに靄(もや)のように流れ蔓(はびこ)って、人間に対して、ありとあらゆる禍(わざわい)を四方八方から注ぎかけようと致します。

北の方からは、鋭い歯と矢の様に尖(とが)った舌を持った悪霊(あくりょう)が先生に襲いかかって参りましょうし、さて東からやってくる鬼どもは、万物を干からびさせ、人間の肺から養分を吸い取って身を肥やします。

また南の砂漠からくる奴は、人間の頭上に炎を吹きつけますし、西の方からは、最初は気分をさわやかにするようでいて、しかし最後には人も畑も野原も水に溺(おぼ)らす魔物がやってくるのでございます。

奴らが人間の言葉をよく聴きますのも、人間の苦しむのを見て悦びたいからなので、人間のいいなりになりますのも、人間を騙(だま)そうとの下心からのことなのでございます。

奴らは天上から差遣わされたような様子をし、天使さながらに囁(ささや)いて、云う事は嘘(うそ)ばかりなのでございます。

しかし、先生、そろそろ帰ると致しましょう。もう日も暮れて参りました。

大気が冷えびえとし、霧が降りて参りました。

夜分は家の中で過ごしますのが上策でございます。

おや、先生、なぜお立ち止まりになって、妙なお顔をなさって向こうの方を御覧

になっていらっしゃるのです」[1]。

「ファウスト」は、キリスト教国中世ドイツで伝説として語り継がれていた。その後、ヨーロッパに広く伝播していったが、ゲーテはこれを自ら戯曲化し、発表したものである。

(2) 風と心理的描写

「ファスト」がキリスト教の宗教的題材に対して、ヘルマン・ヘッセの「車輪の下(Untrem Rad)」は将来を待望される少年の精神的葛藤を描き、最後はその葛藤に打ち克つことができないまま死を迎えてしまうという人の心の弱さを表現している。これから訪れる学校生活での混乱の前触れを雷雨と豪雨で表現している。

「・・・それは日曜日だったが、雷鳴と豪雨があった。そしてハンスは、何時間も本を読んだり考え込んだりしながら、自分の部屋に座っていた。かれはシュツッツガルトでの成績を、もう一度反省してみたが、自分はひどく運が悪かった、・・・窓々には、きゃしゃな花びらをつけた氷の花の、厚い層が咲いていたし、洗面用の水は氷っていたし、修道院の中庭には、身をきるように水気の多い寒風が、吹きまくっていた。しかしだれひとり、そんなことは気にもかけなかった。食堂では、大きなコオヒイの桶がゆげを立てていた。

・・・やがてまもなく、いくつかの黒い群れになって、外套やえりまきにくるまった生徒たちが、淡く光る白い野原や、沈黙の森林地帯をぬけて、遠くはなれた鉄道の駅へと、歩をはこんでいた。みんな雑談したり、冗談口をきいたり、大声に笑ったりしていたが、それでいて同時に、めいめいが、口に出さぬ願望とよろこびと期待とに、それぞれみたされていたのである。

・・・ハンスはいつもひとりで出かけたが、ある程度それを楽しんでいた。時は早春であった。美しい弧をえがく、まるい丘の上を、うすい、あかるい波のように、新芽の緑が走っていた。木々は、冬のすがたを・・・するどい輪郭をもった褐色の網を、ぬぎすてて、若々しい青葉のそよぎと、風景のさまざまな色彩とに、いきいきした緑の、無際限な、流れやまぬ波となって、とけこんでいた」[2]。

混乱する複雑な心を静かに穏やかに支える風が、そっと触れられている。海外、特にヨーロッパでは日本の様に季節風に曝(さら)されることは少なく、そのため、自然と人との深い関わりは少ない。その代わり、時々訪れる、雷雨、あるいは爽やかな風を心理的変化と駆け引きしながら表現されることが多い。

なお、東京都北区西ヶ原にある東京ゲーテ記念館の屋外の外観、名盤、その内部を写真で示す。

図 9-1　東京ゲーテ記念館外観とゲーテの小径（左上）、記念館名盤（右上）、向かいのドイツ語名盤（左下）、前の公園の彫刻画（右下）

図 9-2　東京ゲーテ記念館ギャラリー（左）、ゲーテ肖像画（右）

10　風と児童文学

児童文学で扱われる風には、心理的描写が間接的に、また風を擬人化した修辞法が使われている。そこには優しさ、厳しさ、激しさを表現したものが代表される。純粋な子供の心を大切にした自然の四季に即した正統な風である。

四季折々の表現は、春は母の胸に抱かれるような安らぎの風（春風駘蕩（しゅんぷうたいとう））であったり、夏は子供の成長に合わせて、植物の成長を促すかのような、熱気を含む（真夏の熱風）であったり、晩夏は、成人への成長になぞらえて、植物や稲の熟す時期の乾いた空のさわやかな風（秋日和）がある。しかし、時折厳しい現実と向き合う吹き荒れる風（台風や疾風怒濤（しっぷうどとう））もある。あるいはいづれ訪れるであろう厳しい冬を予想しているかのような一抹の寂しさをも含んでいる。

真冬の吹雪と大雪は、これから成長しようとする子供の人生すべてを遮ろうとする厳しさを見せるが、風雪に向かって立つ子供の姿は逆境に立ち向かう強い精神力を育まんとする風（真冬の寒風）としての利用が多い。

（1）風と子どもの心

児童文学で取り扱われる風は、心理的描写を含めた擬人化された自然の優しさや厳しさ、烈しさを四季に即して表現され、少年少女の感性に委ねる素直さをありのままに描いた作品が多い。

「鬼が瀬物語 4」[4] の舞台となっている「鬼が瀬」は、房総半島南端の漁村「豊の浦」で、漁師は常に風を読まなければならない。これは船大工の一生について書かれたものだが、船大工の長年の経験を経て得られた知識で春風から大風（二百十日）までを「コチ（東風）がイナサ（南東風）、もっと南の風にかわると、よう大風になるっぺ」と、明治時代の漁村の生活風景と厳しさを「大風」という言葉でわかりやすく表現し、少年少女への興味をそそらせる動きのある内容になっている。児童小説の中で最も多いのが大風である。

「かかみ野の風―長屋王の変―」（赤座憲久著、小峰書店）では、東南の方向から吹く風を次のように表現している。「嵐が来るのは早ければ夏、一番多いのが秋の中頃、･･･黒い雲が渦を巻いてしきりに巽（北西）へと向かう、・・・『風がまわる』もうすぐ反対側から吹くぞ。嵐がすんだわけやないでな、反対がわ気いつけよ！」。これは時期外れの台風である。大風・南風というと烈しい風を表す。多くの児童小説では、「台風」とは呼ばず、大風や二百十日で表現している。

壷井栄の「二十四の瞳」[5]には、「外海の側は大きく波が立ち騒いでいて、いかにも厄日らしいさまを見せている。・・・どうせまたうろ七日や二百十日がひかえとりますからな」。

四国地方の地域的、季節的な事象であり、台風の通り道として多く発生する自然界の脅威である。

(2) 東北地方の神風

同じく、季候風土上厳しい環境の東北地方では、二百十日前後の暴風を鎮める「風止めの籠り」、「カゼの神送り」、「風神祭（神の風の祭り）」などが各地の行事として、古くから行われている。岩手県や新潟県では神の風を「風の三郎様」と呼び、「風の三郎様、よそむいてたもれ」と唱えて、稲作の収穫を前に到来する台風を避ける祭事が行われている。この風習を文学作品に仕上げたのが「風の又三郎」[3]である。

又三郎の「又」は東北地方の方言で妖怪の意味があると言われており、宮沢賢治は擬人化された風の神への畏(おそ)れを含めて、登場人物のこどもに転校生の高田三郎少年を「風の又三郎」と重ね合わせて書きあげたものである。どれほど烈しい暴風であるかは、当時においては映像による伝達方法が無く、賢治は作品の中で歌として次のように表現している。なお、賢治と「風の又三郎」ゆかりの岩手山を示す（図 **10-1**）。

「どっどど　どどうど　どどうど　どどう、・・・。栗の木の列は変に青く白く見えて、それがまるで風と雨で今洗濯をするとでも言う様に烈しくもまれていました。・・・空で

図 10-1　宮沢賢治と「風の又三郎」ゆかりの地、岩手山

は雲がけわしい灰色に光り、どんどんどんどん北の方へ吹き飛ばされていました。・・・」。9月1日にやって来て、9月12日に去って行った高田三郎少年は、台風を擬人化させた「風の又三郎」として登場させたものである。

(3) 心理的な風

少年の心の中で発生する擬人化された心理的台風を狂おしく表現している心理的描写の作品もある。「大風吹いた」[2]の一部を引用すると、「台風の夢を見て目が覚めた。今は秋だし、本当に台風がやってきてもおかしくないけど、ありがたいことにまだ、僕の心の中以外には、台風は発生していない」。

平安な日々を送る少年の前から、ふっと消えてしまった一寸気になる女性のことを思い起こしながら、胸の内が次第に膨らみ始め、烈しさを増し、「僕の中を、台風が荒れ狂ってる。・・・大風が吹いて、大雨が降って・・・」。

言葉で言い表せない心の苦しみを風の力（**図10-2**に示す風のイメージとしての力）で代弁させ、風の持つ意味が活かされていて、一読すべき名作となっている。

図10-2　暴風を表す挿絵「大風吹いた」（絵：足立美奈子）（口絵参照）

11　風で動く帆掛け船

帆掛け船とは、帆を掛けて走る船で、帆船（ほぶね、はんせん）（sailing boat）と呼ばれる。自然の風を利用した帆船は16～20世紀に世界中に普及したが、現在でも多くの場面で利用されている。なお、主にスポーツ・レジャー目的の小型帆船としてのヨットやウインドサーフィンは次項にて解説する。

（1）貿易風

まず思いつくのは、帆船時代に利用した貿易風である。この貿易風はtrade windを和訳したものであるが、帆船時代にtrade（通路・交易）としての意味で、その通り道に定常的に吹く風をそう呼ぶようになったとされる。

貿易風は赤道付近を東西に連なる熱帯収束帯（ITCZ）に亜熱帯高圧帯から吹き込む対流圏最下層の偏東風で、定常的に吹くため15世紀の大航海時代[例えば、アメリカ大陸発見（1492年）など]に帆船貿易に由来して呼ぶようになった。また、恒信風とも呼ばれる。北半球では北東貿易風、南半球では南東貿易風が吹く。なお、熱帯収束帯は熱帯域にできる低圧帯であり、南北から気流が流れ込むため、気流がぶつかることで、行き先のなくなった空気は地上付近の高温の空気として上昇する。その上昇気流は上空で冷やされて雨雲が発生するため、天気が悪く毎日のように雨が降ることで、熱帯降雨帯、そして熱帯多雨気候を形成する。

さて、貿易風に乗れば、帆船は風力によって押され、流されて目的地に着くであろう。北半球では北東から吹くため北東貿易風と呼ばれ、風下の南西に移動可能ではあるが、その帰りはどのようになるのか心配である。季節風が吹く、例えば東南アジア地域では、季節が移り、季節風が変わる場合に風向がほぼ逆になるので、その風に乗って帰ることになるが、半年近く期間を要することになる。もちろん小型ヨットのように小さい軽快な船では45度の方向であれば、風上にも移動でき、ジズザグに進行可能であるため、その方法で帰ることも可能であったろうが、大きい船ではなかなか難しかったろうと思われる。それでも、**図11-1、11-2**（究極の帆の張り方による大型帆船）に示すように、多数の帆を組み合わせれば、ある程度、風上に進むことができるため、ジグザグに頻繁に切り替えて進み、帰ったのであろうし、たまには逆風向となることもあるので、その風は大いに利用されたことであろう。もちろん、無風時や湾内などでの航行にはエンジン動力が利用される。

古い時代には、半年オーダーの季節風の風向変化で、移動は可能であったろうが、季節変化による風向・風速と地形との関係からその地域での風特性を把握しておかなければならず、希望通りにはいかなかったであろうが、それを航海術として経験的に活用されていたのであろう。特に、船に動力が使えなかった航海時代の苦労が想像できる。一方、特に問題は、ほとんど風が吹かない時の方がより問題であったろう。熱帯の無風地帯で帆船が動かず、やがて水・食料が切れて遭難したなどの歴史上の話を何度と読んだことがあった。

(2) 海陸風と季節風

日中には陸上の地表面は水よりも比熱が小さく、熱容量も小さいために日射によって暖まりやすい。そのため地表面に接している空気は暖まりやすく、気圧が低くなることで、日中は相対的に冷たい海から暖かい陸に向かって海風が吹く。夜間には気温差が逆になるため、海上の気圧が低くなることで陸から海に向かって陸風が吹く。これを海陸風（局地）循環と呼んでいる。

さて、大陸と海洋間でも、大規模に同様なシステムの風が吹くことになる。このように夏と冬でほぼ逆向きの卓越風が広範囲に吹く風を季節風、モンスーンと呼んでいる。言い換えれば、季節風とは、大陸と海洋間に吹く季節的な風であり、夏と冬では陸と海では暖まり方、冷え方が異なることで発生する風である。例えば、日本の冬季の北西季節風と夏季の南東季節風はモンスーン現象として顕著である。一方、東南アジアなどでは稲作と関連して顕著な南西モンスーン（季節）による雨または雨季を単にモンスーンと呼ぶこともあり、稲作などの農業関係者ではよく使用されている。特にインドなどでは雨の意味が強いとされる。

なお、実際の風は海陸の分布割合による海陸効果とコリオリの力（転向力、地球の自転によって吹く見かけの力で、北半球では運動方向の右に、南半球では左に作用する）によって変わるが、陸地面積が広く、高緯度ほど顕著に吹き、熱帯地域ではほとんど吹かない。

(3) 帆引き船（帆曳船）

さて、話を元に戻そう。**図 11-3** ①の北前船 (大江戸博物館) を見ると、帆掛け船であり、この船で北の港から日本の西・南の港へと、物資を運んでいた。

霞ヶ浦では**図 11-3** ②のような帆曳船（かすみがうら市郷土資料館）および③、④のような帆曳船が明治時代から淡水漁業で活躍していた。一時途絶えていたのを

図 11-1　すべての帆を広げる総帆展帆（日本丸。横浜みなと博物館）

図 11-2　アメリカの帆船（ボルチモア・ワシントン国際空港。メリーランド州）

図 11-3　北前船の模型（左上）（大江戸博物館）、帆曳船の帆（右上）（かすみがうら市郷土資料館）、霞ヶ浦に浮かぶ帆を張る前の帆曳船（左下）と張った帆曳船（強風のため張り方が低い。右下）

1973 年から観光用に復活させ、夏期の土日に営業している。しかし、漁は危険性を伴うことがあるため、風速によって帆を調整しないとバランスを失い転覆する危険性がある。また、福島第一原発事故によって川魚への放射能の影響があるとの風評被害で、一時的に売れなくなっていたが、霞ヶ浦の豊かさを、帆曳船（**図 11-3** 右下）が優雅に進む姿を通じて、多くの人に伝えていきたいとの希望がある [1]。

なお、かすみがうら市郷土資料館は水郷・筑波国定公園内の歩崎に位置する 3 層 4 階の城郭型資料館で、霞ヶ浦風物詩の帆曳舟（**図 11-3** 右上）をメイン展示に、霞ヶ浦町内を中心に寄贈を受けた歴史・民族資料を展示している。

（4）近年の大型帆船

近年の帆船では、大型帆船の日本丸（1930 年に建造）がある。船員を養成する最大級の練習帆船である。筆者がアメリカに留学していた 1977 ～ 78 年にフロリダの港に立ち寄ったことをフロリダ大学のアレン（Dr.L.H.Allen）から聞いていたが、見に行けなかった。その日本丸は船員の練習船として長年活躍していたが、現在は、横浜のみなとみらいに係留されており（**図 11-1**）、マスト、たくさんのロープ類がある甲板や船内を見学できる。大海原を航海していた頃の乗組員のインタビュー映像や写真などによる日本丸のあゆみ、練習船としての訓練と生活などが紹介され、船長室や実習生室などの船内見学ができる。

年 12 回（4 ～ 11 月）、帆船日本丸のすべての帆を広げる総帆展帆（そうはんてんぱん）を開催している。横浜みなと博物館では、横浜港 150 年の歴史と役割を伝える展示を行っている。本格的な操船シミュレーターが大人気であるとの案内がある。

日本丸は公益財団法人帆船日本丸記念財団（横浜市西区みなとみらい）所属で、その仕様は、船種:帆船（4 檣バーク型）、用途:練習船、定員:138 名（練習船時代 196 名）、総トン数：2,278 トン、全長（バウスプリット含む）：97 m、幅：13 m、平均喫水：5.3 m、総帆数：29 枚（畳 1,245 枚分）（練習船時代 35 枚）、最高マストの高さ：水面から 46 m である。

練習船として長年月経た後での見学であるが、感激することは言うまでもない。一度、見学すると状況が良くわかる。

12　風を利用するヨットとウインドサーフィン

ヨット（yacht）とは、①個人的使用の大型豪華遊戯船、②縦帆を持つ主にスポーツ・レジャー用の小型帆船に分けられる。ただし、英語の yacht は主に①であるが、ここでは②を中心に、ウインドサーフィンと関連させて述べる。

（1）ヨット

ヨット（帆船）は 14 世紀からオランダに登場したとされ、15 世紀末頃の大航海時代に風力エネルギーで世界の 7 つの海を航海していた。日本では 1882 年に横浜の本牧埠頭でつくられて葉山で帆走したので、葉山港が日本ヨット発祥の地とされている。

さて、帆船には、揚力タイプのヨットと抗力タイプの帆掛け船の 2 種類がある。そのうち、ヨットのみが風より速く、そして風に逆らって進むことができる特性がある。これは優れた特徴で、2 枚セイル（sail、帆）型ヨットではクローズホールド（close hauled、帆をいっぱい開いた）状態で斜め前方（45 度）に進むことができる。ジグザグにタック（tacking、方向転換のために左右のセイルを入れ替える操作）を繰り返しながら前に進む。ヨットを使った航海やヨット競技をセーリング（sailing）と呼ぶのは、セイルによって走り進むためである。

（2）ヨットの進む原理

ヨットは風により動くので風上にまっすぐ進むことはできないが、上述したとおり 45 度までなら推進可能である。**図 12-1** はセイル（帆）に当たる風と力の関係図を示している。なお、セイルボード（sail board、艇体）の右下にはフィン（fin、鰭）の垂直安定板または可動式のラダー（rudder、舵）がついている。

図 12-1 に示したように、01 点においてセイル 1 に作用する力（F1）とセンターボード（center board、船底中央部から下方に差し込んだ平板）に作用する力（F2）とのベクトル（合力）でヨットは進む。これらの力は、進行方向のベクトル成分 T1、T2 と進行方向直角ベクトル S1、S2 に分解できる。ヨットの全推進力は T1 と T2 の合計で、横方向の力は左右で相殺されるため、横に流されることはない。しかし、セイルボードの重心を中心に上下に発生する横向きの力で左右に揺れるため、錘つきセンターボードで揺れを緩和している。小型ヨットでは錘の代わりに人が左右の舷（船の両側面、船縁）から外側に体重をかけて揺れを防いでいる。

また、**図 12-2** はヨットを斜め上から見た図を示している。帆に当たる風によって発生する揚力（進行方向の斜め前方）のうち、進行方向に垂直な成分をキール（keel、竜骨）とセンターボードでの打ち消しの力（抵抗）によって進行方向と同方向の推進力が発生する原理で、一方、風に対して海水流の竜骨への仰角からも推進力が発生する。

風向に逆らって推進できる一方、風を受けて風下に進む場合も、帆の構造から真後ろには進めないため、ジグザグに方向転換して進む。風を真横から受けて進む場合に一番スピードが出て、風速より早く進むことができる。双頭船タイプのレース艇では 50 km/h 以上で、風よりも速く、最大 45 度方向まで風に逆らって進むことができる。

近未来の計画として、ハイブリッド貨物船の構想がある。いわゆる帆掛け船としての風力エネルギーを利用し、太陽光発電機とディーゼル発電機を使い分けることによって、ほとんどゼロエミション（エネルギー負担なし）で航行できるとのことである [2]。

(3) ウインドサーフィン

ウインドサーフィン（windsurfing）は、カリフォルニアのヨット乗りとサーフィン乗り［surfer、磯波（surf）を利用して波乗りする人］によって 1967 年に発明された。サーフィン（surfing）は、水に浮く細長い楕円形板のセイルボード（sailboard、board、艇体）の上に立って波をうまく利用して水面を滑るように進むことができるスポーツである。ボードにマスト（mast、帆柱）を立て、それにセイルをつけた形式であるが、特徴はマストの取り付け部が 360 度回転できることにある。ユニバーサルジョイント（universal joint）と呼び、セイルとボードを接続し、セイルが受けた力をボードに伝える重要な部位である。これがボードに対してマストを直角近くに立てるため、ここがセイルをワイヤーで固定したヨットとは根本的に異なる。この回転するセイルを操作するのは人の手足のみであり、そこに特徴がある。なお、以前は、接合部は金属製で機械的な構造であったが、最近では合成樹脂のウレタンやゴム製のラバーでできた簡単な構造となり、特に着脱がワンタッチでできるよう便利になっている。

(4) ウインドサーフィンの進む原理

ウインドサーフィンの進む原理（**図 12-3**）[1] はヨットと同じであるが、操作はヨットとは大きく異なる。ヨットのようにボードの方向を操作する舵がなく、ボードの下に固定されたフィン（ボードの後方の裏側に付けている固定板）のみである。ただし、弱風で風上に走ることを重視したボードには横流れを防止するダガーボード（dagger board、マスト直下のボードの裏側につけた板状盤。ヨットではセンターボードと呼ぶ）がある。

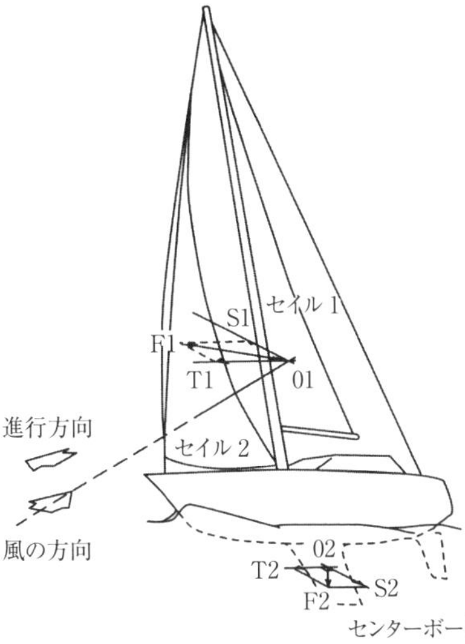

図 12-1　ヨットの進む原理(筆者一部改図)[2]

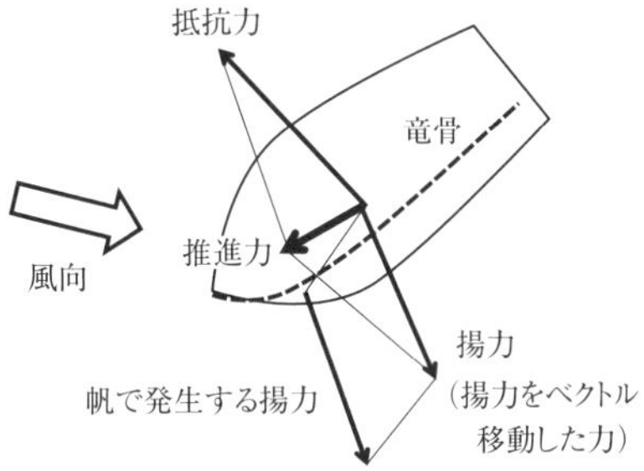

図 12-2　ヨットの推進力 (揚力と抵抗力のベクトル合成力) (ヨットを斜め上から見た図)

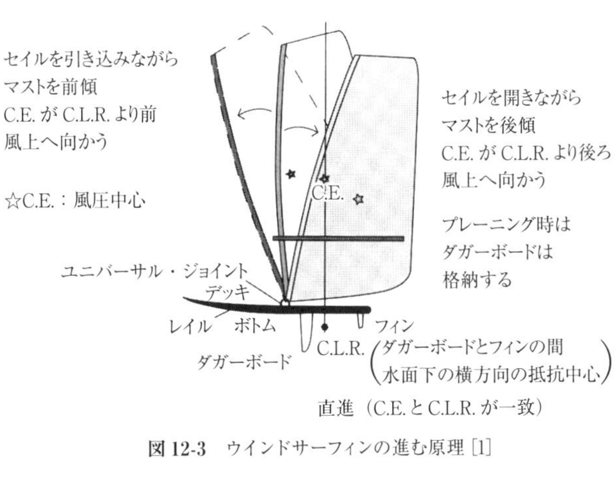

図 12-3　ウインドサーフィンの進む原理 [1]

さて、航空機では水平な翼に対して垂直方向に揚力が掛かるが、ウインドサーフィンでは翼に相当するセイルは立っているので水平方向に揚力が掛かり、前に進むことができる。ウインドサーフィンの方向転換はセイルをつけたマストを前傾姿勢にするか、後傾姿勢にするかで行う。**図 12-2**、**12-3** に示すように、セイルの横向き成分の揚力が作用する風圧中心（CE：center of effort）と水面下の横方向の抵抗中心（CLR: center of lateral resistance）の位置関係でボードに回転力が発生する。**図 12-3** に示すように、風上に転向する時はマストを後傾させ風圧中心を後方の抵抗中心へ移動させ、逆に風下に転向する時はマストを前傾させ、風圧中心を前方の抵抗中心へ移動させることで可能となる。

横流れ（横移動）を防止するダガーボードがない場合には、セイル操作とボードの側面についているレイルを水面にかませる操作で回転させる。ウインドサーフィンの最高の魅力は風に対して横方向に走る状態（アビーム、abeam）から風に対してやや風下の 45 度方向に走る状態（クオーターリー、quarter lee）、つまり片方のボードに体重を掛け、ボードの反対側を浮き上がらせて滑走（プレーニング、planing）させて快走する時である。この姿勢で、ウインドサーフィンの上級者は 時速 30 ～ 45 km/h の高スピードを楽しむことができる。なお、最高スピードの 90.9 km/h で公式記録となっている。

日本の冬は寒く、冬季にウインドサーフィンはあまりできないが、暖かいハワイ、マウイ、サイパンに出かけていくとやや大きいセイルが使えるので風が軽いと感じられるそうである。これは風の息、風の乱れが小さく、空気密度が幾分小さいためだといわれている。

以上のように、ヨットやウインドサーフィンはまさしく風と親しむ爽快なスポーツであるといえよう。

13　風と凧・カイト・吹き流し

子供の頃、買ってきた凧(kite)はすぐ揚げられたが、自分でつくった凧は、紐を引っ張って走ると揚がるが、風が弱く、凧自体が重かったためであろうか、うまく揚げられなかった残念な記憶がある。一方、模型飛行機は、つくってもうまく飛ばすことができた。紙飛行機は耳つきのものをよく飛ばした。さて、ここでは凧（和凧・洋凧・連凧）について述べる。なお、凧は「いか」とも呼ぶことがある。洋凧はカイト（鳥のトビ）とも呼ぶ。

(1) 和凧と洋凧（カイト）

凧は風の力を利用して空中に揚がるが、特に凧の姿勢、角度が重要である。軽い竹材や木材で枠をつくり、紙、ビニール、布などを貼りつけて湾曲させ、反りを持たせてうまく整えてつくる。凧は主として和凧と洋凧に分けられる。外国にも和凧に似た形式のものもあるが、簡単のため２つに分類する。日本では子供の遊びのイメージが強いが、大人が揚げる大型の凧は迫力がある。多人数で揚げることが多く、東京都、埼玉県、新潟県、愛媛県、滋賀県などには素晴らしい凧の展示施設がある。凧を揚げるには広い場所が必要であるので、河川敷で競技をする場合が多い。

和凧（六角凧、菱凧、イカ凧）は、揚力よりも抗力を主にコントロールして姿勢を保つが、洋凧（カイト）は、逆に揚力を主にコントロールして安定させる方法をとっている（**図13-1**）[1]。左図は和凧（角凧と奴凧）、中央図は洋凧（カイト）である。凧は揚力と抗力の力のバランスで決まる。凧の傾きは揚力／抗力で表されるため、張り糸の角度を変えてバランスをとる。洋凧は和凧に比べて揚力が抗力より大きいため、一般的に安定性が高いが、和凧は不安定である。このため、逆にその作用を利用して凧を機敏に動かして、動き回ることで、張力のみを作用させて、糸を絡ませて相手の糸を切るなどの技ができ、喧嘩凧の競技が可能となる。洋凧は２～４本の糸を操るため複雑である。一方、和凧は１本の紐だけで操作するため、より簡単そうに思われるが、相当の経験技がものをいうわけで、そこが面白いのであろう。ただし、大凧（**図13-2**）では10本以上の糸を付けてバランスさせ（右上）、それを１本のロープで引いている（左）。右下は奴凧に長い尻尾をつけて安定させている。

和凧の奴凧は足を持たなくても安定が保てるが、それは腕の部分が横に伸びているためであり、この腕に風袋を取りつけたものもある。この腕や風袋で左右に揺れる力（モーメント：力×距離）を安定させる。六角凧は同様の原理で足がなくても安定できる特徴がある。江戸凧（角凧・四角凧）は凧の中央部を凸に膨らませた反りをつけて風に対して左右の安定性を持たせる。さらに安定させるため尻尾を1～複数本つけることがあるが、これは尻尾の長さによる風の抵抗と重さによる下方への引く力（重力）で凧の揺らぎ・転倒を防いでいる。

（2）和凧の特徴

典型的な角凧は、縦・横の反りがあるとうまく揚げられる。縦、横ともに湾曲した形にすると安定する。横の反りは左右の振れを減らし、縦の反りは上下の安定を増す。あるいは中央部付近の骨を折れ曲げた形態にしても可能である（**図13-3**）。紐1本の凧では必ずこの縦の反りが必要である。特に、前述の喧嘩凧ではそうである。しかし、反りが大き過ぎると揚力が減り、凧の頭が下がるように失速することとなる。この上下の動きにも適当な反りが必要である。

（3）鯉のぼりと吹き流し

日本の伝統文化として5月の節句に揚げられている鯉幟（こいのぼり）は吹き流し（streamer）の一種である。布製の鯉は風袋状であるが、鯉の尻尾（しっぽ）の部分は空気が抜けるようになっていて、空気が抜けない袋ではなく、ある程度は空気がたまるようにして、バランスを保っている。風が弱いと垂れたままであり、ある程度の風速（3～8 m/s）が必要である。もちろん強すぎると壊れてしまう恐れがある。

上述のとおり、洋凧、カイトは形態が種々あり、その中に箱型のボックスカイト（**図13-1**の右図）がある。これは吹き流しの一種とも考えられる。

凧は以前には気象観測用や通信用に利用された。日本では気象観測に吹き流しが使われている。ベンジャミン・フランクリンが雷雨の中で箱型・立体凧（ボックスカイト）を用いて観測し、雷が電気であることを証明したのは有名な話である。また、凧に気象測器をつけて観測したり、凧の形の気球を上空に揚げて気象観測を行ったりする。そして、上空からの写真撮影にもよく使われている。

（4）スポーツに使われる凧とカイト

日本では正月前後に凧を揚げるが、中国でも正月に数十も連ねた連凧を揚げている光景を見る。大凧、連凧の競技などはスポーツの一種と考えられる。なお、連凧には、1998年、豊橋市での15,585枚のギネス記録がある。

アメリカで開発されたポピュラーなデルタカイト（三角型凧）は、スポーツカイトとして

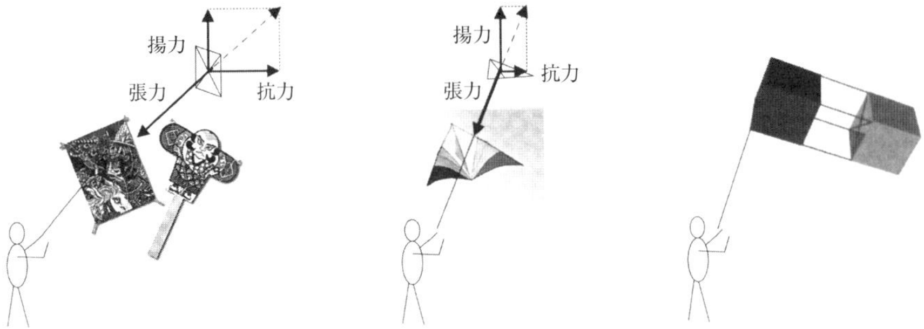

図 13-1　和凧と洋凧の揚力・抗力とボックスカイト［1］

図 13-2　大凧揚げ（江戸川河川敷。春日部市庄和町）

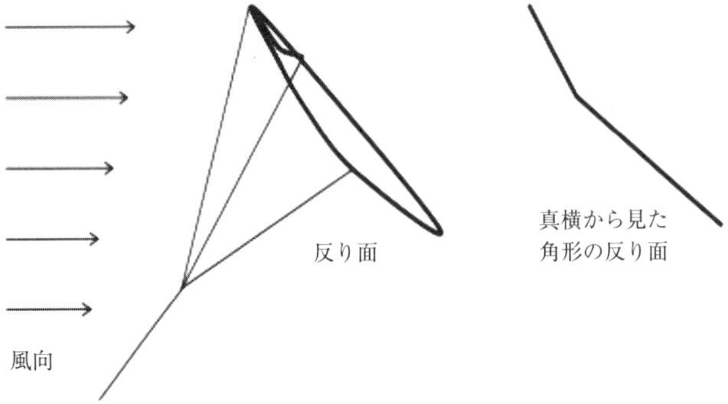

図 13-3　凧の反り面の様子と真横から見た角形の反り面

競技用に使う場合がある。複数のロープを巧みに操ることで技術が競われている。また、フレーム自体がうねり動くようなカイトもあり興味深い。

スカイボード（skyboard、スカイボーディング）は、カイトで空に登るスポーツで、カイトボードとも呼ばれ、カイトボーディングとカイトサーフィンに分けられる。カイトボーディングは水上を滑走し、時には水上に飛び出して波に乗るなどのスポーツである。また、カイトが水上スキーをつけた人間を引きながら進む海上でのスポーツや地上で三輪バギー（悪路でも走れる車）を引きながら移動するスポーツまで行われるようになった。カイトサーフィンは人の背にカイトをつけてサーフィン（波乗り）をする新しいスポーツである。よく見かけるウインドサーフィン（別項12）はセールボードの中央付近に付けたマストに掴まってヨットのように風を受けて海上を進むスポーツであるが、凧とサーフィンを組み合わせるアイデアには驚きである。

以上のように、凧、カイトの種類、形態、応用は多岐に渡り、スポーツなどとして進化し続けている。

(5) 凧の博物館あれこれ

① 凧の博物館（東京都中央区日本橋）は、江戸凧をはじめ、日本全国から集められた凧約3,000件を展示している。日本各地の伝承凧や世界各国の凧、創作凧、凧揚げ道具などがズラリと並んでいて多彩である（**図13-4**）。場所は日本橋の老舗レストランたいめいけんの5階にある。

② 五十崎（いかざき）凧博物館（愛媛県喜多郡内子町）は、内子町立の素晴らしい凧の博物館である。四国の片田舎にあるが、種類は豊富で、国内外の凧を常時400点ほど展示し、約3,000点の凧を収蔵している。筆者は十数年前に五十崎凧博物館を見て、子供の頃の凧を想像し、改めて興味が出てきたことを思い出した。

③ 八日市大凧会館（滋賀県東近江市）は、世界凧博物館と呼ばれ、国の選択無形民俗文化財となっている。東近江の大凧を中心に、日本や世界の凧を一堂に展示している。毎年5月の最終日曜日に愛知川の河川敷で開催する「東近江大凧まつり」の百畳大凧は圧巻である。成人式など慶祝行事で行われる大凧揚げ習俗は国の無形民俗文化財に指定されている。

④ 庄和大凧会館（埼玉県春日部市西宝珠花）は、地元で製作した大凧の他、日本各地や世界各国の凧を展示している。会館の北を流れる江戸川河川敷は、1月中旬の日曜に開催される春日部新春凧あげ大会と5月3日・5日に開催される大凧あげ祭りの会場になっている（**図13-2**）。大凧あげ祭りは関東の大凧揚げ習俗として、

図 13-4　素晴らしい絵の和凧（左）、多種な洋凧（右）（凧の博物館。東京都中央区日本橋）　（口絵参照）

国の選択無形民族文化に選択されている。4 階までを吹き抜けにした展示室には、百畳凧をはじめ日本国内や世界各地の凧、約 450 点が展示され、伝統の凧師や世界の凧の呼び名なども紹介されていた。東日本大震災のため休館中で、今後取り壊されるとのこと、残念である。

⑤　しろね大凧と歴史の館（新潟市南区上下諏訪木）は、白根総合公園内にある。伝統の白根大凧の実物だけではなく、国内外の珍しい凧を集めた世界最大級の凧の博物館である。館内には、大凧合戦の資料や大凧の歴史展示コーナー、凧合戦の雰囲気を味わえる 3D 立体映像室、凧作り体験できる凧工房、凧揚げ実験室を備えている。

⑥　相模の大凧センター（神奈川県相模原市南区新戸）は、天保年間（1830 ～ 1844）から伝えられている「相模の大凧揚げ」の凧文化の保存・継承を目的に建設された。展示室では大凧まつりの映像が視聴できる。ギャラリーには世界や日本各地域の伝統的な凧が展示されている。工作室はサークル利用が可能であり、凧作り・陶芸・手工芸の活動も行われている。

⑦　坂井田・変わり凧博物館（三重県津市）は、世界 77 か国の変わり凧（珍凧）を集め、オーストラリア、中国、ベルギー、トルクメニスタンなど 1,600 件の凧を、坂井田茂凧博物館長の自宅を改造して展示している。また､津の海岸で凧揚げを行っている。

⑧　ぐんま竹と凧の博物館（群馬県みどり市大間々町）は、日本やアジアで使われている多様な竹製の生活用品や世界中から集めた凧のコレクションを展示している。常設展に加えて企画展や体験教室も実施している。

⑨　浜松まつり会館（浜松市南区中田島町）は、遠州灘海浜公園の一角にあり、浜松まつりの大凧や御殿屋台が展示されており、450年近い伝統を持つ浜松まつりの雰囲気が体感できる。凧揚げ合戦（5月3～5日）の中田島凧揚げ会場は遠州灘を臨む中田島砂丘に隣接している。さて、ここのHP[2]によると、花火の合図とともに大凧が五月の空へ舞い上がる。まず、揚げられるのは長男の誕生を祝う「初凧」であり、まつりの正装をまとった小さな「主役」も父親に抱かれてその瞳で自分の凧を追う。続いて激闘を鼓舞するラッパの音とともに数百人が入り乱れて闘いが始まる勇壮な凧合戦となる。凧揚げ合戦の勇壮さは、太さ5 mmの麻糸を互いに絡ませ、摩擦によって相手方の糸を切ることにある。この時、糸が焼け白煙が立ち上がり焦げた臭いが漂う。凧は風そして腕がものをいう、興奮が興奮を呼び、会場をぐるりと取り囲む大観衆からはどよめきが起こる。勇壮である。

海風、山風、海陸風

海から吹く風を海風、陸から吹く風を陸風と呼ぶ。陸と海に日射が当たると、海よりも陸の方が暖まりやすいため、陸上の気温は高く気圧は低く軽くなって上昇する。海上は暖まりにくいため気温が低く、気圧が高く重いため動きにくいが、やがて陸上の空気を補うように海から風が吹くようになる。これが海風である。夜は逆に陸の方が冷えやすく、海は冷えにくいため海の気圧は低く、軽くなって上昇する。このため陸上の気圧の高く重い方から海の方に流れる。これが陸風である。これらを合わせて、海陸風と呼び、風は回るように循環するため、海陸風循環と呼ぶ。上空では日中は海風の逆風、海風反転風、夜は逆に陸風反転風が吹く。陸風より海風の方が強く、良く発達し、冬季よりも夏季に明瞭に吹く場合が多い。

14　風と穂波・樹梢波

穂波とは、稲などの穂が風に吹かれると、あたかも風が動き転がるように、その形が目で確かめられる現象である。乱流である風が稲や麦の穂の上を吹く時に、上下・左右・前後に変動する。大小様々な渦のうち、大きい渦は稲穂を強く下方に押しつけ、小さい渦は稲の表面を掠(かす)めながら、ある時は右に左に川の流れが蛇行するように、またある時は海の波のように上下に振動しながら進んでいく。

(1) 穂波という言葉

広い牧場や水田で風がある程度強い時に穂波が発生する。多くの皆さんが見ている穂波は、**図 14-1**[2]、**14-2** に示すように、下降風と上昇風で押さえつけと跳ね上げを起こし、横から見ていると穂の運動が波のように見える。穂がある場合には、頭が重く幾分穂先が垂れ下がり、重心が上の方に移動して風で上下にうまく動くため、このような形の波が見えやすくなる。もちろん穂に限らずススキの原、ヨシ原や穂のない青々とした稲田でも見られる。また、樹木の上を吹く場合には樹梢波となる。ただし、樹木は風に靡(なび)きにくく上下運動も少ないため、綺麗(きれい)な波はなかなか発生しにくいが、ゴーゴーと唸るような強風時に発生する。特に上層が密に均一に枝葉が茂っている樹木では、きれいな樹梢波となる。「黄金の波」という言葉があるが、穂がある方が弱い風でも発生しやすく、かつ収穫期が近いと人の目が穂に向くことも関与するのであろうか。このため「麦秋(ばくしゅう)の波」より聞こえがよく、耳にする。

さて、この言葉であるが、日本では麦の収穫期は初夏である。辞書によると、麦秋とは麦が熟して取り入れる初夏の頃の季節を指す。また読み方は「むぎあき」、「麦の秋」であり、季語の一つである。さて、なぜ「秋」がつくのであろうか、不思議である。これは多くの作物は秋が収穫期であるが、冬を越す２年生草の作物は春から夏が収穫期になる。このうち初夏の頃の季節、すなわち麦の穂の穀実が登熟し、麦にとっては収穫の「秋」である季節を呼ぶ言葉であるとされている。

さて、言葉のことになったが、穂波は honami と称し、れっきとした立派な英語になっている。津波 (tsunami) が以前に英語になっていたため、それに習ってか、穂波の研究者であった旧農林省・農業技術研究所の井上栄一博士（航空・流体工学）(1950 ～ 80 年代に活躍) がアメリカなどで広めて馴染まれた結果であろう [3]。穂波に関する研究 (1955 ～ 60) は、乱流理論を取り入れた非常にユニークな研究で学会誌「農業気象」

に掲載されている。

（2）穂波の特徴

風は水平縦、水平横、垂直方向の風向を持っており、植物自体も変化があるため、この3方向の風によって変動・動揺することになる。逆にこの揺れを見れば風向、風速が読めるため植物は風向・風速計の一種ともいえる。風は渦（乱渦、乱子）で形づくられているため、大小の渦の通過時間はそれぞれまちまちで、穂は種々の周期で振動する。風の性質として、大きい渦ほど大きな速度を持っており、大きな変化ほど大きな時間周期で発生する。この周期が植物の固有振動周期（植物が持つ独特な揺れの時間間隔）に一致した場合には振動が激しくなる。強風の場合には、これが原因で倒伏しやすくなる。なお、固有振動周期（植物が持つ特有の振動）は稲では約1秒、麦では半分の0.5秒程度であるが、目測でもある程度確かめられる。作物の場合は種類、栽培方法、生育時期、形態、高さ、穂の有無などで変わってくることは想像つくであろう。

穂波（**図 14-2**）は、草丈1mの稲では同高度の風速が2m/s程度から発生し始めるが、きれいなものは3m/s程度で起きやすい。またあまり強い風では穂が起き上がりにくいため、きれいな穂波はできにくい。さらに風が強過ぎると穂の倒伏を起こしてしまう。よって、せいぜい7～8m/sまでであろう。

（3）きれいな穂波の科学的特性

さて、一つだけ数式（専門用語と記号）で示す。穂面上の風速分布は、式(1)で表される。

$$U=5.76U_* \log\{(h-d)/z_0\} \quad (1)$$

ここで、U：風速、U_*：摩擦速度、h：穂の高さ（草丈）、d：地面修正量（零面変位）、z_0：粗度長である。穂の高さhを通過する風（乱流）の渦の大きさを考えると、植物があれば、風に対しては地面修正量のdだけ地表面が上昇したとみなされ、渦の大きさは$10(h-d)$となる。これは渦の進行方向の距離、すなわち水平距離を表す。これを風速で割れば、風がその距離を吹走する時間となる。これは穂の揺れの時間間隔、すなわち周期となる。

穂波には長さ、幅、厚さの大きさがある。穂波の大きさは前述の$h-d$に比例すると考えられるため、その時間間隔は風速で割った値の$(h-d)/U$に比例する。これは草丈hが高く、地面修正量dが小さい植物は大きい穂波を形成する。すなわち、固有振動周期が大きいものは大きい穂波を発生させることを意味する。この背景には植物の固有振動周期と代表的な渦の通過時間が一致する場合には、揺れが加算されて、穂波が

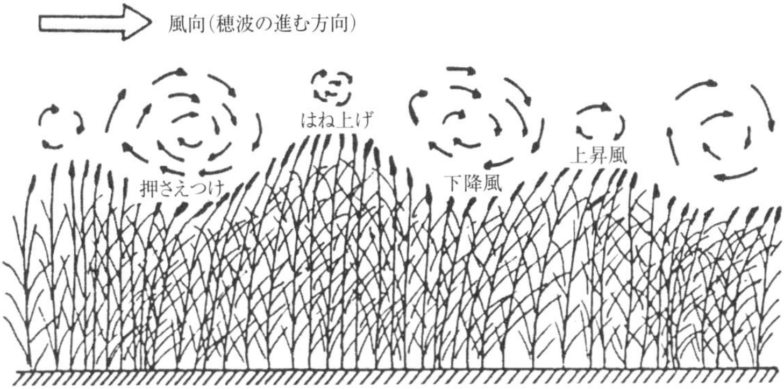

図 14-1　穂波形成のモデル図［2］

図 14-2　稲（上）と麦（下）の穂波　（口絵参照）

よく発達するという特徴があるためである。

穂面上では風速 3 m/s で稲の固有振動周期は 1 秒と記したが、風速が強くなれば、d は小さく、z_0 は大きくなる観測結果があることで、この固有振動周期が相当程度維持される。したがって、固有振動周期と呼ぶことに矛盾はないことになる。

稲の固有振動周期が麦のそれよりも長く、ゆっくり揺れるため弱い風速で穂波が発生する。**図 14-1** のように渦の塊としての穂波の様子がわかる。ただし、穂より止葉（穂のすぐ下の葉、この葉の後に穂が出る）の方が高く立っているため穂自体は幾分見えにくい状態ではある。さて、葦（蘆、ヨシ、アシ）は海岸･河川の湿地帯によく生えているが、草丈が高く、特に穂が出る頃にはきれいな穂波の発生が見られるが、今までの説明で予測がつくと思われるが、穂のない若いヨシ群落での穂波はあまりきれいでない。

なお、樹梢波では、樹木は樹高が高く、揺れやすそうに思われるが、幹があるなど堅い樹木では揺れ難く、なかなかきれいな樹梢波が見られないが、相当の強風（瞬間風速 20 m/s）時に山地の杉の森林や沖縄の常緑樹で見たことがあった。

（4）穂の揺れ方

麦畑で撮影した映像から穂の位置を 1/8 秒ごとに読み取り**図 14-3** [1] に示した。主風向に対して楕円形（太線）の揺れが得られている。ただし、楕円は風下側によく揺れ、風上側にはあまり揺れていない。図には茎の位置を示したが、茎の根元の位置は楕円形の 2 心の風上側の一つに当たるようになっている。また、風（穂波）の進行方向に直角な左右の揺れに対してもほぼ楕円形（細線）が認められる。このように進行方向と横方向に楕円形内の揺れが発生する。なお、縦横の楕円形について述べたが、上下方向、すなわち穂の御辞儀（おじぎ）、跳ね返りによる草丈の変化を風速の強弱から稲の傾きを計算して図化すると、これもやはり楕円形となり、推測と一致した。

（5）穂波の大きさ

渦は長さ、幅、厚さを持っているが、渦には最大と最小の渦から構成されている。これを考慮して穂波を見ると，その最大・最小のスケールではない。穂波は最も代表的な渦を表現しているためであるが、その大きさはやはり最大と最小の渦の平均的な渦と考えられる。野外で観測したトウモロコシに類似したテオシント畑やソルゴー畑の群落での観測結果では、植被面（草丈）での最大、最小の渦の大きさは、テオシントでそれぞれ 15 m、0.8 mm、ソルゴーで 10 m、0.5 mm であった。どちらも約 2 万倍の大きさの差である。その中間は 0.8 ～ 1 m となる。したがって、代表的な渦の大きさと穂波の大きさとほぼ一致することになる。なお、植被面の高さの 1.5 ～ 2 m での風速は 2 ～ 4 m/s であった。

（6）穂波と作物の倒伏

作物の倒伏は、風害の中で最も顕著なものの一つである。倒伏すると、果樹や野菜では収穫皆無になることがあるが、稲麦では水に浸かったりしなければ、刈り取りは大変であるが、あまり減収しないようである。品種、栽培法、生育時期、抵抗力などに

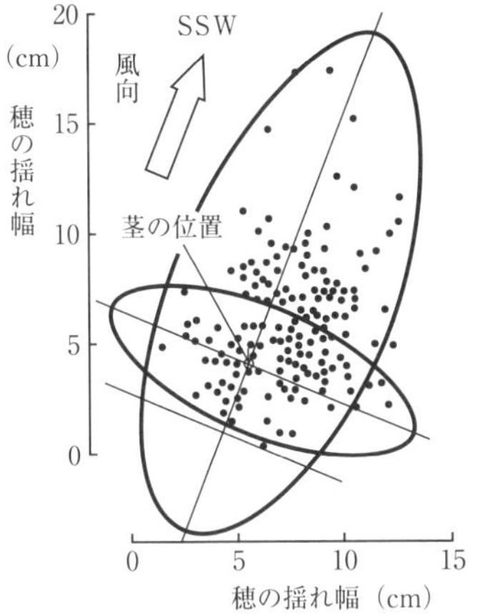

図 14-3　30秒間における小麦の穂の揺れ幅［1］

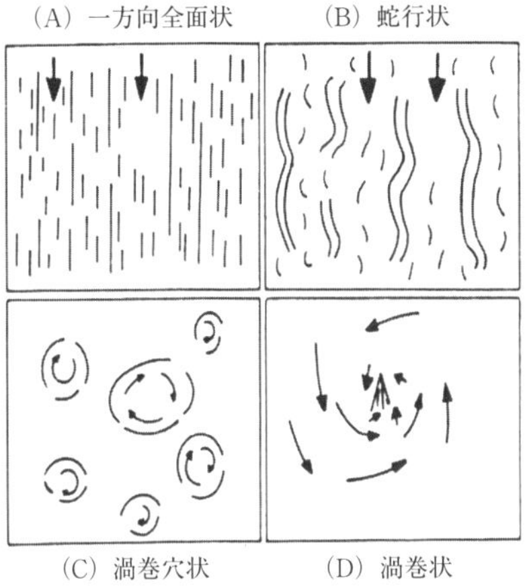

図 14-4　稲や麦などの種々の倒伏形態［2］

よって異なるが、出穂期以降を考えると、雨で穂が濡れて頭部が重くなることで倒伏しやすくなる。倒伏の原因は、周辺条件の以外は強風との関連が最大であるが、それに風の乱れ（渦）が関与して発生する。倒伏の形態（**図 14-4**）[2] は、一方向全面状、蛇行状（川の蛇行のような流れ状の倒伏）、渦巻き状（部分的な渦巻きの中心で稲がもたれかかるように倒伏しない一方、周辺が倒伏）、渦巻き穴（所々部分的に穴が開くように倒伏）などの特徴が見られる。水田では湛水していたり、密植で徒長して軟弱に育っていたりすると、倒伏しやすくなる。逆に周辺では畦があることで、光環境がよく徒長してなく、風に強く生育しているため倒伏しないことが多い。

倒伏は、稲穂面では平均風速 3 m/s で発生し始める。穂波がきれいに見える風速は前述のとおり 3 m/s であるため、稲波が発達する頃には、条件が悪ければ既に倒伏が始まっていることになる。この時の最大瞬間風速は 5 ～ 6 m/s に相当する。作物が倒伏し始める平均風速は 7 m/s である。植被面での平均風速 3、7 m/s は、気象台の高さ 10m の平均風速では 9、21 m/s、瞬間最大風速では 15、35 m/s に相当する。このような風速であれば倒伏に相当強い作物でさえも倒伏するであろう。

15　黄砂と風による口蹄疫の輸送・伝染・蔓延

黄砂（yellow sand, Kosa）に付着しての微生物の移動として、特に家畜口蹄疫や麦さび病菌の輸送・移動が推測される[5,6]。家畜口蹄疫は2000年に92年振りに宮崎県と北海道で同時に発生し、また2010年に宮崎県で発生・蔓延した。2007年には麦さび病が24年振りに大分県と山口県で同時に発生した。麦さび病は別項16で述べる。

(1) 黄砂付着口蹄疫の長距離輸送とその環境

口蹄疫（foot-and-mouth disease）はピコルナウイルス科アフトウイルス属に分類される口蹄疫ウイルスの感染による急性熱性伝染病である。伝染力が強く、家畜の牛、水牛、豚、羊、山羊をはじめ、ほとんどの偶蹄類動物が感染する。口蹄疫ウイルスの最適生存環境は、温度33℃、湿度55～60％、pH 6～9とされている[1,2,9]。

さて、2010年に口蹄疫が宮崎県で発生・蔓延し、社会的に大問題となった。この口蹄疫の伝染・蔓延の研究を行い、黄砂による口蹄疫の輸送が原因であることを突き止めた[5,7]。その伝染経過を述べる。

筆者ら[8]は、2008年に福岡、沖縄、筑波で黄砂を収集し、新開発のDNA鑑定法（遺伝子解析）により黄砂付着口蹄疫ウイルスの同定法を提示した。なお、このDNA鑑定法は特徴的な遺伝子の断片を比較して確定する方法であり、遺伝子の全配列を調べたわけではなく、またウイルス自体が変異することもあり、完全な意味での確定ではないが、まず間違いない（例えば、99％）とさせる方法である。

口蹄疫ウイルスは上空の低温の気温でほとんど制限要因にはならない。またpH（水素イオン濃度、酸性・アルカリの指標）に関しては、黄砂がアルカリ性であることで、むしろ酸性に弱い口蹄疫ウイルスには、中性に近い環境もあるため生存には問題ない。

問題は光・紫外線と乾燥であるが、黄砂の電子顕微鏡写真（図15-1[4]を見たことがあるであろうか。岩石を割ったような凸凹で、かつ割れ目もあったりする。ウイルスはきわめて小さいので、その凹凸の陰や隙間に付着しておれば、紫外線は避けられ、口蹄疫ウイルスの生存にはあまり問題にならない。一方、湿度、乾燥については、次のとおりである。

沙漠とはいえ降雨は時々ある。黄砂発生時直前には寒冷前線による降雨がかなりの頻度で発生する。感染した家畜が涎(よだれ)を垂らし(口蹄疫の特徴)、ウイルスが黄砂に付着する、あるいは排泄物中のウイルスが黄砂に付着する。このウイルス付着黄

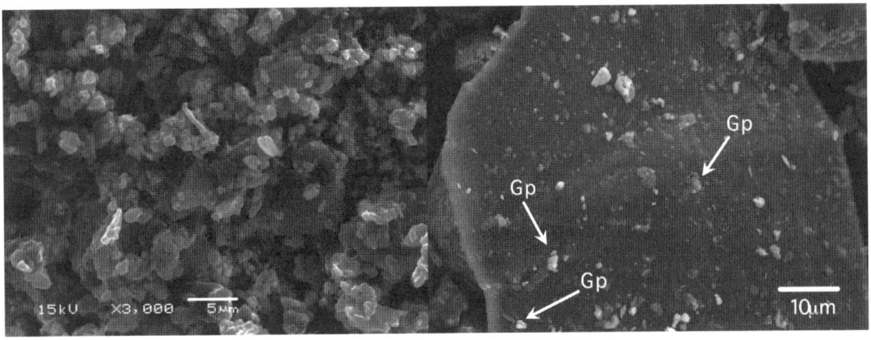

図 15-1　黄砂の最表面の電子顕微鏡写真（左）[4]、石英表面における細粒物質石膏（Gp）の結晶（右）[3]

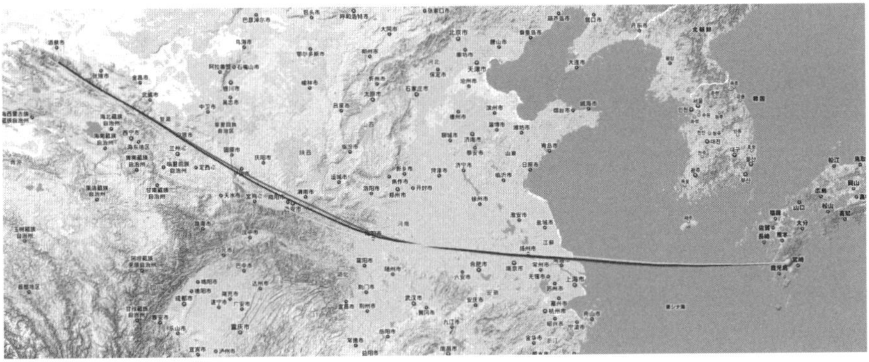

図 15-2　2010年3月21日の宮崎に飛来した黄砂の発生源と輸送ルート [5]

砂が降雨後の強風で数時間もすれば上空に舞い上がり長距離輸送をすることになる。この際、上空では降雨、高湿度は低確率ながら発生し、その状況がつながれば、ウイルスは十分生存可能である。事実、上空では化学反応で黄砂に石膏が付着し、再結晶した石膏付着黄砂が福岡市、沖縄県西原町、つくば市の地上で捕集されている [3]。すなわち水分（降雨）か、高湿度条件があることを意味している。

以上のとおり、黄砂に付着した生きたウイルスの長距離輸送は可能である。口蹄疫ウイルスの黄砂付着輸送に関して、その生存確率は低いが、確実に生存条件が繋がっている状況を解明した。黄砂は中国タクラマカン沙漠でも３日程度、ゴビ沙漠だと２～３日、黄土高原沙漠からだと１～２日で日本に達するため、十分生存が可能な時間範囲である。中国東部では日本より１日程度、韓国では半日程度早く、かつ激しい黄砂が飛来するため、生きた口蹄疫の飛来・発生確率は日本の場合より格段に高い。

さて、A 型口蹄疫は、新疆での 2009 年 12 月 30 日の牛の発病から韓国での 2010 年 1 月 2 日の牛の発病に、また 2010 年 1 月 18 日の牛・羊・山羊から北京の 1 月 18 日の牛に繋がったと推測された。以降の O 型口蹄疫は、甘粛省での 3 月 14 日の豚から山西省での 3 月 25 日、宮崎での 3 月 26 日の水牛に感染した（後述）。さらには甘粛省での 4 月 7、17 日の豚からそれぞれ韓国の 4 月 8、21 日の牛〜豚に感染し、新疆での 4 月 20 日の豚から韓国の 4 月 21、27 日の豚に感染したと推測された。

なお、4 月 8 日と 4 月 21 日の韓国での発病後は、国内伝播である主に風による空気伝染によって、それぞれ 4 月 9、10 日と 4 月 27、30 日、5 月 6、30 日、6 月 4 日の牛〜豚の口蹄疫を発生させた。

（2）中国甘粛省から宮崎への黄砂による口蹄疫伝播

2009 年末頃から、2010 年春季において中国で家畜口蹄疫が発生していた。ここでは 2010 年宮崎県で発生した口蹄疫について検証する [5]。

中国甘粛省蘭州郊外で 2010 年 3 月 14 日に豚に口蹄疫（O 型ウイルス、豚は牛より 1,000 倍の感染力を有する）が発生した。それが 3 月 25 日に山西省で牛が感染・発病し、26 日に宮崎でも同じ O 型ウイルス口蹄疫が水牛で発生した。甘粛省から山西省には黄砂が観測され、同様に甘粛省から宮崎県にも達した。山西省から宮崎県までは約 1,000 km で風速 20 m/s でちょうど 1 日の飛行距離である。黄砂の後方大気移動軌跡解析法により、ルートと時間がピタリ合致していることがわかった（**図 15-2**）[5]。3 月 16 日もほぼ同様であった。山西省では 3 月 15、20 日の黄砂、宮崎では 3 月 16、21 日の黄砂が原因と特定され、ウイルスの潜伏期間も含めて発生はそれぞれ 25 日と 26 日であった。

さて、宮崎地方では冬春季に雨陰沙漠とも呼ばれる乾燥した気象がよく発生する。また、九州山地を越える山越え気流の影響で吹き下ろし風となりやすいため、九州 7 県で比較して、宮崎は九州内では風下に位置し、雨が多いにも関わらず、黄砂は熊本に次ぐ多さである。この乾燥・低温の強風でウイルス付着黄砂は飛来・落下することになるが、この際、黄砂の飛来前には、今回も寒冷前線による降雨があった。これが重要でウイルスの生存を裏づけている。

中国の上空を経由したウイルスの空気中の輸送とその伝染の可能性があることで、中国やモンゴルからの伝播の可能性が低確率にしても、確実に繋がっていることになる。したがって、ある一定濃度の生きた黄砂付着ウイルスは宮崎県都農町に落下した。そして降雨が関与して生存し水牛の口・鼻から進入し潜伏期間を経て発病したと考えられる。

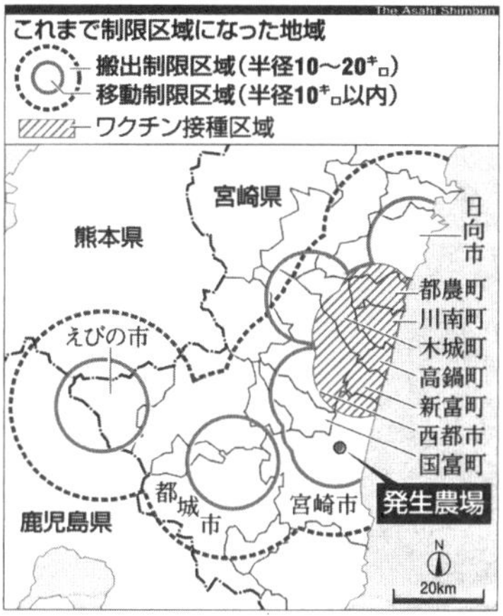

図 15-3　宮崎県の口蹄疫の伝染と蔓延状況(朝日新聞、2010年7月27日)[5]　(口絵参照)

(3) 宮崎県内の地上風による口蹄疫の伝染・蔓延

宮崎県都農町で3月26日に発生した口蹄疫の初発は水牛であったとされる。しかし、公的に口蹄疫が確認されたのは4月20日で、1ヶ月近くも経過したあまりにも遅い確定であった。その間、口蹄疫は水牛から牛、そして豚へと感染し、5月上旬には県内で蔓延状態となった[5]。

口蹄疫に感染した家畜から次の家畜へと空気伝染で次々と感染していく。感染家畜の気道から出された飛沫状になったウイルスは、地上付近の風によって近辺の家畜は元より高湿であれば1 km 離れた家畜にも、いとも簡単に伝染する。ヨーロッパでは、湿度の高い霧が立ちこめた非常に限られた気象条件下では、デンマークからスエーデンに約100 km 伝染した事例やフランスと英国のドーバー海峡270 km を伝染した事例も確認されている。

日本国内では一般に春季は乾燥しているため長距離伝染にはなりにくいが、近隣の家畜に感染することは、たやすい空気伝染現象である。**図 15-3**[5] に示すように初期は卓越風向の北寄りの風(北西の季節風)によって都農町から宮崎市まで北西から南東寄りに次々と感染・蔓延していった。そして、夏季に近い頃からは卓越風向が南東風に変わり、感染は北西方向に進み、宮崎県西部や北部の発生元の都農町を越えて延岡市に吹き戻されるように感染していった。春季から梅雨時の季節での高温・高湿度は口蹄疫の蔓延に最適であったと推測される。なお、えびの市での発生は感染牛の輸送による人為的な伝染現象であり除外される。

さて、この発生・蔓延には当時の民主党政権による対策の後手が厳しく指摘された。東日本大震災の復興対策の復興の問題もあるが、如何に政府の対応の拙（まず）さが、このように莫大な損失につながるかの顕著な事実を暴露する結果となった。

結果的には29万頭の家畜殺処分と直接損失2,530億円の被害を残して一応は終息し、2012年には清浄国となり、家畜の育成や売買も可能となっているが、後遺症による影響は10年に及ぶとされる。

以上、詳しくは「黄砂と口蹄疫－大気汚染物質と病原微生物－」[5]を参照されたい。

あらせ

あらせとは、愛媛県西条市南部域で冬季に吹く南風であり、斜面下降風である。専門的には冷気流と呼ばれる。冷気流で冷たい風か、逆に南風のため暖かい風なのか紛らわしいが、実は暖かい風なのである。

寒候期の晴天、弱風の夜間に、低平地に冷気が溜まる。一方、上空には相対的に高温の風が溜まり、いわゆる逆転層が形成されるような時に、山の斜面では放射冷却（放射熱が天空に逃げる）によって冷やされる。そこは斜面であるため、空気密度の高い、重い空気は斜面下方に流れる。次々とその状況が続いて、風が強くなり、山の麓では5 m/s程度の風となる。この風は逆転層上層の気温によって5℃程度で吹き下ろし、低平地に停滞して冷却される。このため斜面下の麓では、吹かない場合より気温が数度上昇し、また乾燥しているため冬期の農作物を保護することになる。冬季であり風に当たると人は寒く感じるが作物には暖かい風なのである。現地では高品質のホウレンソウが多量に収穫でき、有利な取引で産地を形成している。気象資源の有効利用である。

なお、あらせは愛媛県大洲市の肱川おろし・あらすの別名でもある。

16　風による微生物と微粒子の移動

微生物（microbe）は、普通、肉眼では見えなく、顕微鏡でしか見えないほど小さい生物の意味であり、小さい動物（1 mm の水中微生物ワムシ）、藻類、原生生物、細菌、カビ、酵母、ウイルス等々を指す。ウイルスは1ミクロン（μ）以下の電子顕微鏡で何十万倍にもしないと見えない。風との関係では、近年、空中生物学（aerobiology）が発展し、欧米での研究から、最近では再び日本での研究が活発化している。黄砂と大気汚染物質の微粒子（microparticle）が問題となってから、かなり年数が経つが、遅れていた研究が最近、急速に発展しつつあり、生物学者はもとより気象･環境学、理学、医学、農学、工学の研究者も参加している[5,6]。

(1) 黄砂と微生物・微粒子の風移動との関連性

病原菌、ウイルスが風によって移動・拡散するが、近年の研究でダスト発生時に病原菌・ウイルス（口蹄疫ウイルス、鳥・豚インフルエンザウイルス、麦さび病）、アレルゲンの数千 km の長距離輸送の可能性が解明された[1]。ダストの輸送経路を**図 16-1**[1]に示す。発生源で菌体が大気混合層で拡散し、地上付近から上空に舞い上がる現象、ダスト発生時に周辺地域の空気中の微生物濃度が非発生時に比べて数倍～数十倍も高くなる状況、発生源から遠く離れた場所で同じ菌体が発見された事実などが証拠となっている[11]。

黄砂に付着して微生物、特に家畜口蹄疫やムギサビ病菌の輸送・移動が推測されている。家畜口蹄疫は 2000、2010 年に宮崎県で発生し、2010 年には県内に蔓延した。2007 年には麦さび病が 24 年振りに大分県と山口県で同時に発生した。海を隔てた場所で、なぜ同時に発生したのであろう。なお、口蹄疫と黄砂・風については別項 15 で解説した。

(2) 黄砂による麦さび病の伝染

麦さび病は、世界三大作物病害の一つで、さび病菌によって発病し、胞子が風によって運ばれ伝染する。さび病には、主に赤さび病、黄さび病、黒さび病がある。作物の茎葉が、鉄が錆びたような色となるため、光合成が低下し生育が悪くなる。茎に寄生すると倒伏などを引き起こし、20 ～ 30 %減収する。病原菌は越夏・越冬など周年発生するが日本では北海道を除いて夏季の高温で病原菌が死滅するため越夏不能で、周年発生は起こらないことから、第一次伝染源の夏胞子は早春にアジア大陸からの黄砂・砂塵とともに飛来すると考えられている[2]。

コムギさび病は1983年に大分・山口県で多発して以来、24年振りの2007年に同じ両県で多発した。病斑はやや盛り上がった黄色の紋や粉状条斑の夏胞子を形成し、その後、夏胞子の周辺に冬胞子を形成する。2006 ～ 2007年は暖冬で平年より2℃も高く、コムギの生育は早く、チクゴイズミ品種の出穂は3月下旬～4月上旬で平年より11～17日も早かったため、軟弱で発病しやすい状況であった。低温では発病しにくいが高温が影響した。

古くから中国華北の春季の偏西風による黄砂が原因するとされていたが、その可能性は大である。1983年と2007年は黄砂発生が多かった。このため黄砂との関連が高いと推測された[10]。新華社通信によると2006年秋季には中国大陸で麦さび病が広範囲に発生し発病程度も高かった。このため発生地域からの輸送で広く飛散していった。大分県の黄砂飛来は3月26 ～ 30日、4月1～3、9日であった。ムギさび病の接種後の潜伏期間は11 ～ 30日で、平均14 ～ 15日である。したがって、発病時期は黄砂飛来日の2週間～1ヶ月後の4月中下旬以降であり（**図16-2**）[10]、第一次伝播源と推定される黄砂の飛来が多かった3月下旬～4月上旬頃に一致する。

大分県では平均気温22 ～ 23℃以上が長期間続くと夏胞子や菌糸は死滅するため、本州以南での越夏は不可能で、外部からの伝染の可能性が大であり、黄砂飛来説が妥当とされる理由となる。また、大分、下関、山口の3ヶ所の黄砂は3月26 ～ 29日、4月1～2日、特に広範囲な黄砂は4月1～2日であり、潜伏期間を考慮すると、発病とよく一致すると判断された。

なお、2007年に他の地点で発生したのは瀬戸内海を挟んだ山口県である。その間の最短距離は約50 kmであり、大分県では北東部で発生が多かった。また1983年にも海を隔てた2地点で同時に発生したことも黄砂説を裏づける有力な情報である。すなわち、中国からの黄砂付着麦さび病菌によって両県で発生・蔓延したと考えるのが妥当と判断された。

（3）花粉症・アレルゲンと空中移動

近年、アレルギー性患者数は増加して国民の20％に達し、花粉症・蕁麻疹・喘息・食物アレルギー・鼻炎など、何らかのアレルギー症状を持っている。患者の急増は大気汚染、室内のダニ・埃などの微物質、食品添加物、ストレス等々が考えられる一方、黄砂付着のアレルゲン（アレルギー症状を引き起こす物質、空中アレルゲン）が影響すると

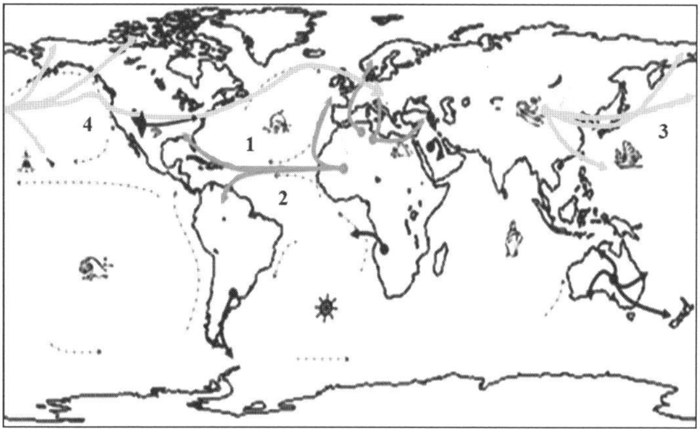

図16-1　黄砂など沙漠からのダスト輸送経路（実線）。①：北半球の夏期（6〜10月）、アフリカダストは北カリブ海と北米に輸送、②：北半球の冬期（11〜5月）、アフリカダストは南カリブ海と南米に輸送、③：アジアダストは東アジアなどに輸送（2月下旬〜4月下旬）、④：アジアダストは北半球の重要輸送ルート。濃灰色線はアフリカダストの輸送ルート（①、②など）、淡灰色線はアジアダストの大気中輸送ルート（③、④など）、黒色線はその他のダストの輸送ルート（北米、南米、南アフリカ、オーストラリア）、点線は風の流れパターン（口絵参照）

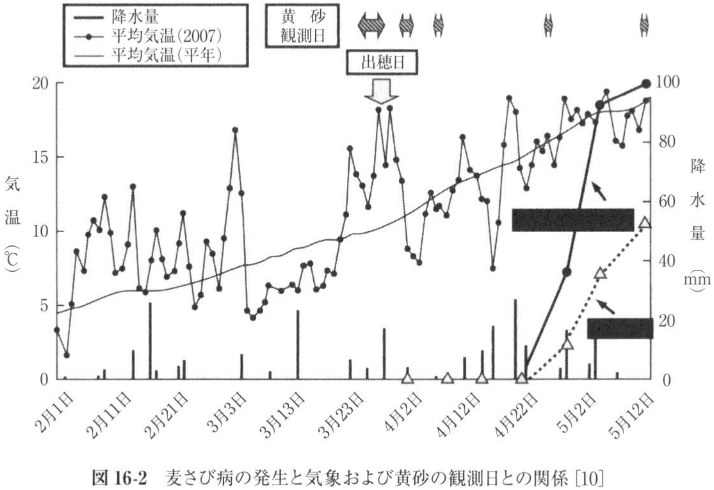

図 16-2　麦さび病の発生と気象および黄砂の観測日との関係［10］

推測される。アレルゲンには室内ダスト、花粉、カビなどがあるが、その他に窒素・硫黄酸化物（NOx、SOx）が挙げられる。黄砂発生時に韓国、中国、台湾、日本では黄砂発生時に呼吸器疾患・死亡者数が増加し、アレルギー・喘息症状の悪化、さらには心臓・循環器患者が増加するとされる[2,11]。

最近、アレルゲンが風によって運ばれることが明らかになってきた。花粉症病原物質であるスギ花粉アレルゲンタンパク質は喘息、くしゃみ、鼻炎、鼻水などの原因となる。この物質は花粉が飛散してくる途中、物理・化学的作用によって花粉から離れ、空気中の汚染物質と付着しながら移動することがわかった[9]。また、土壌中カビの菌糸体を構成するβグルカンやグラム陰性菌内毒素などのアレルゲンが土粒子と一緒に遠くへ運ばれ、アレルギー症状を引き起こすことがわかってきた[11]。花粉症の発生原因はスギ花粉に含まれるアレルゲン、アレルゲン蛋白質であり、これが花粉の時期以外にも検出されるようになり、黄砂付着による輸送が懸念されている。福岡市、沖縄県西原町、つくば市で採取した3地点すべてから黄砂アレルゲン物質が確認され、その根拠が出ている[12,13]。

(4) 中国の大気汚染物質と人工降雨

2013年1月に中国東部の北京・上海域では広範囲に工場、自動車、建物・家庭等々からの煤煙・廃棄ガスなどによって白く霞んだ大気汚染が続き、人間の健康（呼吸器・循環器患者）に悪影響を与えている。特にPM 2.5以下の微粒子（直径2.5 μ以下の粒子状物質濃度、2.5 μ 50 %カットの微粒子）によって被害は深刻である。北京では約1,000 μgの値にも達したことがある。2014年はさらに深刻化している。

この大気汚染物質は偏西風によって日本に移動し、福岡では環境基準（日平均35 μg）の1.5倍に達したことがあり、社会問題化している（読売新聞、2013年1月31日）。九州大学応用力学研究所HPによる予測モデル事例を**図16-3**[8]に示す。これは大都市での大気汚染物質の多さが主原因ではあるが、春季には西からの黄砂飛来が関与して、黄砂と大気汚染が混合・化合し、さらに海上で塩分・水蒸気と化学反応を起こして光化学オキシダントとなって日本に飛来しており、また酸性雨の原因にもなっている[7]。早急な対策が必要である。

中国での砂漠化防止、植生回復に人工降雨が期待されている。また、都市近辺ではレインアウト、ウォッシュアウトとしての大気汚染物質の洗浄作用が期待できる。しかし、中国で実施したとされるヨウ化銀法では降水が少ないため効果も低く、医薬外劇物のヨウ素によって別の環境汚染を引き起こす恐れがあるため容認できない。これには、液体炭酸人工降雨法による多量の降水による洗浄対応技術が、応急的な対策として有効であろう。

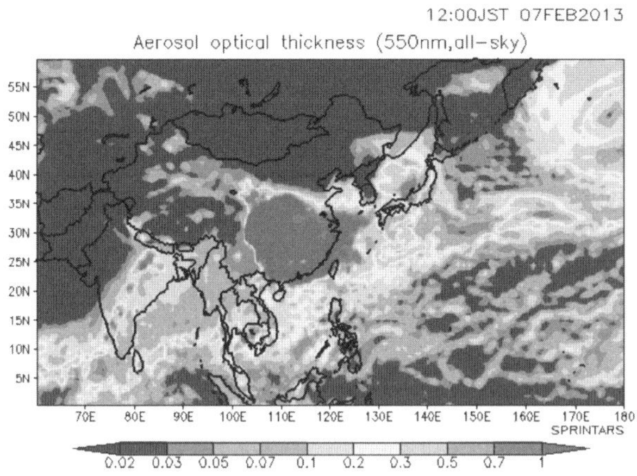

図 16-3 エアロゾル（大気汚染物質、空中微粒子）の予測図（九州大学応用力学研究所HP）[8]（口絵参照）

（5）果樹・作物の病気と強風

モモせん孔細菌病の発病は、強風雨（風速 10 m/s 以上）で発生する葉の傷で助長される。和歌山県農林水産総合技術センター果樹園芸試験場紀北分場[3]では、防風林や防風ネットによるその病気発生抑制効果を評価している。防風ネット・防風樹によるモモせん孔細菌病の発病抑制が有望である。

防風ネット（網目 4 mm、高さ 4 m）の設置によって園内の相対風速は防風施設からの距離とともに減少し、発病抑制効果も 1 ～ 3 列目の果樹園周辺部で高く、風の強い園地では特に有効である。設置費用はシラカシ苗木定植では防風ネットの 1/4 で済む。ただし、防風樹のシラカシやマキは防風効果を発揮するまでに 6 年も掛かるが設置費は安く効果が高い。できれば防風ネットより景観や環境に優しい防風垣を普及して欲しい。

その他、柑橘の潰瘍病の防止には防風垣（サンゴジュ高さ 5 m、密閉度 85 %）が効果的である。福原オレンジの潰瘍病の減少程度は防風垣直後で 10 %、風下 7 ～ 16 m 地点で約 30 %であるため、防風垣の風下 2 高倍距離（2 H、垣の高さ H の倍数で表した距離）までは大きい効果があるが、効果範囲は広くない。また、冷害とも関連するが、北海道ではイネの水稲の葉鞘褐変病が防風ネットで減少する報告がある。水稲の発病率は 5 H 付近で 20 %から 10 %以下になり、水稲の収量は 35 ～ 40 %も増加し、防風効果が大きく、その範囲も 10 H 以上に及び有効である[4]。

17　風による種子と花粉の移動

植物が風を利用して繁殖するケースが多く見られる。まずは風による種子の輸送・移動（風移動、wind transportation）、次に風による花粉の輸送（風媒）について、その面白さを述べる。

（1）種子の風移動

植物が進化の過程で獲得した重要な繁殖法が種子繁殖である。親植物から離れて種子が拡がることを種子散布と呼ぶ。植物は移動することができないので、果実や種子によって移動・散布を行っている。種子の移動（散布）には自発（はじけて飛び散る）、風（風で飛ばされる）、水（水に流される）、重力（重力に任せて落ちる）、動物（動物に付着して運ばれる）散布法、あるいはそれらの組み合わせ法がある[1]。

樹木の種子は、単に自然に落下した場合にはせいぜい 10 m 程度の移動であるが、翼を持っていると 100 m ほどの移動が十分可能であり、このような移動形体で子孫を広げている。

多くの種類で種子の移動に風が利用されている。風は多くの種子を移動させることで、植物特有の形質（遺伝子）を空間的に広く拡散させる役割を担っている。種子は熟して落下する時、あるいは落下した後に、風によって遠く離れた場所に移動して次の世代へと命を繋いでいる。種子の移動に風を利用する植物は、種子や果実に翼や毛などを持ち、飛びやすくするように進化してきた。これにはタンポポ、センニンソウ、ガマ、カエデ、マツ、カバノキ、シデ、シナノキ（ボダイジュ）、ヤチダモ（アオダモ）、ヤナギなどが形体の異なる飛翔体（ひしょうたい）で飛びやすくしている。幾つかの風移動種子を**図 17-1、17-2** に示す。

① タンポポ、ススキ、ガマの綿毛・冠毛　　タンポポ（**図 17-1**）はお馴染みのパラシュート状の綿毛（冠毛）に種子をぶら下げ、風に乗って遠くへ移動させる。この移動形体は種子を散布する最適法の一つである。このため世界中に広がったと推測される。ススキでは、タンポポに似たパラシュート状の冠毛に種子を運ばせている。種子は穂にかなり長期間ついているが、強風で次第に飛んでいく。

また、ガマ（抽水植物）[2] では、綿のような冠毛を持った非常に小さい果実・種子を風に乗せて遠方に飛ばせる。ガマの穂は細長い楕円形の茶色の種子群の塊であるため、相当の強風にならないと飛ばない仕組みになっているが、ひとたび強風で飛散し始めると急激に飛散が進む。非常に軽い小さい種子に綿毛が長く

図 17-1　タンポポ（上左、下左）、ノボロギク（上右）の種子にパラシュート状の綿毛がついた飛翔体、センニンソウ（下中。仙人の髭からの連想によりついた名称）の種子に曲がった茎状の約3 cm太毛に繊毛がついた飛翔体、植物（下右）の約2 cmの種子に約2.5 cmの綿毛がついた飛翔体

図 17-2　ヤマイモの飛翔体種子（上右）、それが入っていた殻（上左）、むかご（上中）
カエデの飛翔体種子（下左）、プラタナスの飛翔体種子（下右）

多いため、はるか遠くに飛び、日本から太平洋を越えてアメリカ、カナダへ飛来することは珍しくない。ガマは水辺を好む植物であり、果実が水面に落ちると種子が速やかに離れて水底に沈み発芽する。このような繁殖形体で世界中の多くの水辺地域で繁栄・生存している。

② ヤマイモの飛翔体　　ヤマイモは種々の方法で繁殖する。作物として利用する繁殖法は、イモを土中に埋めて芽を出させる方法が一般的である。しかし、ヤマイモの野生種としてのジネンジョ（自然薯）では**図 17-2** 上側に示すように変わった形の飛翔体がある。これは平たい種が広い薄い膜で被われ、その中心部にある状態の飛翔体で空中を風でひらひらと飛ばされながら移動する。図の左にはその飛翔体が入っていた殻を示してある。120 度角の 3 枚の殻の中に 3 個の種子が入っていて、熟したものは秋冬に乾燥すると、剥がれて内部の種子が風で移動する。なお、別の繁殖法として、つるの葉の付け根にできるムカゴが地上に落ちて繁殖する方法も

あり、種々の繁殖の特徴があり、変わった形態の繁殖の多様性に驚きを感じる。

③　カエデ類の翼・プロペラ　　カエデ類は日当たりの悪い亜高木層内で生存することが多い陰樹であるため、枝の張り方に特徴がある。枝葉は庇（ひさし）のように水平に拡がり、平たい形体になっているものが多い。開葉の仕方は一斉であり、一年間に使う葉を一度に出す。葉は薄く光を有効利用している。

カエデ類の種子は片側に平たい突起が伸びた平たい翼を付けている（**図 17-2** 下左側）[2]。もちろん片側の１個でも風に乗って飛ぶが、普通２個が合体しているため、あたかもプロペラのような形体をしており種子が軽いため風によってより飛びやすく、クルクルとプロペラのように回転しながら遠方に飛んでいく。カエデは高木の下に生えて生育する陰樹であり、日陰で暗い場合に稚樹・幼木で堪え忍び、環境が良くなれば生育する。種類によっては日陰で生き延びる埋土種子で耐える方法もあるが、イタヤカエデの種子はあまり長く休眠しないで、暗い林内でも発芽し、稚樹で好環境を待つ方法をとっている。しかし相当程度は稚樹で耐えるが、それでも耐えきれない場合には地上部の幹をいったん枯らせて、根だけが生き残り、翌年は根元から萌芽して葉を出し、身軽になって生き延びる方策をとって堪え忍ぶ[4]。しかし、それにも数十年程度で限度があることは言うまでもない。

④　プラタナスの種子と飛翔体　　プラタナス（スズカケノキ、鈴懸の木、**図 17-2** 下右側）では鈴（球果）状の種子の集合体があり、枝にぶらさがっている。鈴の外側に種子をつけるタイプで、その中に飛翔体となる繊毛が隠されており、乾燥すると崩れて風で飛ぶ。タンポポの種の位置とは逆である。

⑤　マツ類の翼による風散布とハイマツの動物散布　　アカマツ、クロマツ、カラマツでは松毬（まつかさ）、松ぼっくりが乾燥によって開きブーメランに錘（おもり）をつけたような種を落下させ、風に乗せて移動させている。マツは先駆種（裸地に真っ先に発芽して繁殖する種類）であり、先駆種の多くは風で運ばれる場合が多い。開けた場所に早く辿り着いて発芽する。稚樹は速い成長をするパイオニア樹種の陽樹（日向を好む樹種）である。このため、裸地に先回りするために風を利用しているとも言えるであろう。

一方、同じ仲間のハイマツは松ぼっくりの中に種を挟み込んでいるが、針葉樹としては珍しく翼・羽がないため、風に頼らない繁殖法をとり、多くのハイマツは鳥のホシガラスに運んでもらっている[4]。高山の巨岩が堆積した斜面、すなわち安定した場所に分布・生存している。土砂や土壌は岩と岩との隙間に僅かにあるのみで量は少ない。そのような場所は他の植物は生育しにくいが、岩の隙間にできた僅かの砂地に、鳥に食べ残しの種を散布してもらって発芽・生育している。

日本の北アルプス、中央アルプス、南アルプスの2,500 m 以上は高木が育たない森林限界である。ただ、低温の程度からは森林が形成されてもよい標高ではあるが、森林限界となっている。そのような場所にハイマツ原やお花畑がある。夏に登山すると天上の楽園とも思われるお花畑に出くわす。登山者の中にはこれを見る目的で登る人も多い。さて、このような高山は、強風、乾燥、低温、積雪、強紫外線に悩まされる。これらに打ち勝った植物が森林限界以上で生存している。ハイマツや高山植物の多くは雪に埋もれることで強風、乾燥、低温を逃れている。雪があると－5℃程度にはなっても激しい低温にはならなく、風除けとなって強風にも守られ、かつ湿度が保たれる。

雪の圧力は並大抵のものではないが、ハイマツは枝のしなやかさで雪圧に耐えている。地面に這うような樹形で、多く枝分かれした形態からも推測できる。そして、その枝が砂の移動などで地中に埋もれると、そこから根を出して別の個体にも成り得る生命力がある。なお、高山の登山道沿いでは通行によって土壌の流亡、強風・乾燥のためにハイマツなどの高山植物が枯れている光景を見掛ける。せめて決まった通路を通って痛めないようにして欲しいものである。

⑥　シラカンバの翼　　シラカンバ（シラカバ）はチョウの羽のような薄い翼を両側につけているため、風で遠くまで運ばれる。シラカバは先駆種であり、翼のついた軽く小さい大量の種子（1 g 当たりに3,400個）[4] を風に乗せて広く散布し、山火事や土砂崩れの跡地などの攪乱地に定着する。このため、一斉に発芽・生育して純林を形成することがある。しかし、これは偶然の作用や恵まれた環境条件下での結果であり、一般的にはごく僅かしか成木に育つことはできない。生存には運も作用するが、それぞれの個体の能力も重要である。まず、発芽時の厳しい環境に耐えることで篩い分けられ、その後の過当競争でも選別・淘汰されたものだけが生き残る。結果的には環境耐性や競争力に勝った遺伝子を持つ個体が生存することになる。

ところが普通、親の育った環境に適した個体が多いが、生存した子孫には親と同じ強い遺伝子を持つ個体ばかりではないことである。すなわち、ある環境で強くても別の環境では弱いかも知れない。気候変動もそうであるが、環境は変化するため、それに適応できないのでは困るわけであり、ウイルス・病原菌などのような変異の激しい微生物に対しても個体の遺伝子は多様である方が都合よい。地球環境変化は微生物のそれより遅いが、それでも遺伝子の多様化は有効である。シラカバは攪乱地のみで生存・繁殖しているわけではなく、個性的な種子を広く大量に散布して、種々の環境に適する子孫を残しているのだと考えられている。

シデ類は、カンバ類より大型の羽を持った種子をつける。早春に他の木々に先駆けて房状の花をつける。雄花はイヌシデでは緑色、アカシデでは赤色で、葉を開く前に枝に垂れ下がり、よく目立つ風媒花である。そして、種子も風で散布する。シデ類の種子は翼のついた種子が寄り集まって束になっており、風に吹かれるとバラバラになって回転しながら飛び落下する。回転すると空気抵抗を受ける面積が広くなり、落下は遅れる。その時、横風が吹くと数百 m も飛ぶこともある。里山ではあまり目立たないが、最近増える傾向にあるという。

(2) 花粉の風移動

植物の花粉は雄しべから雌しべに運ばれて受精するが、その時、昆虫（チョウ・ガ・ハチ類など）によって媒介される場合を虫媒花、鳥（ハチドリ、ウグイス、ヒヨドリなど）によって媒介される場合を鳥媒花、風によって運ばれる場合を風媒花と呼ぶ。なお、生物の進化を歴史的に考えれば、花の姿としては温暖地に多い虫媒花や鳥媒花よりも、風媒花が基本であったと考えられている。

風媒花は、形、色、臭いなどが目立たない花が多く、あるいは花びらが欠落した種類もある。また、軽い多量の花粉を一面にまき散らすことで、受精確率が低く、花粉の損失も多いが、一方では虫媒花の昆虫や鳥などの媒介を必要としない利点もある。

①　風媒花の針葉樹　　樹木の風媒花にはポプラ、ヤナギ、カバノキ、ブナ、クヌギ、カシ、ナラ、シイ、シデ、カツラ、クルミ、ヤマモモ、イチョウ、ソテツ、ヤシ、アダンなどで多く、針葉樹ではマツ、スギ、ヒノキなどがある。

マツ、スギ、ヒノキの花粉は成熟した以降は、昼夜に関係なく強風になれば飛散する。日本では戦後緑化のために大量のスギが山地に植林されたため、既に伐採期を迎えているにもかかわらず放置されている杉林が多く、そこから霞んで見えるほどの大量のスギ花粉を飛散させている。近年、花粉症の人々が多く増え、健康上、社会問題化している。春季になると花粉の飛散状況が天気予報時に流されるほどの異常事態であるが、対策はあまり進んでいない。最近、花粉の少ない、または花粉をつくらない樹種が育成されてはいるが、実際的な効果はまだ上がっていない。

一方、外国からの低価格材木の輸入による国内木材価格の低迷によって、採算が合わないために森林、特に針葉樹林の管理が行き届かず、間伐・枝打ちすらで

図 17-3　風媒花の代表であるイネの開花状況

きなくなり、森林内は日射不足で下草さえ育たない密閉環境となり、近年の異常気象多発も影響して風水害、土砂災害が多発し、悪循環を起こして山村が一層疲弊するような状況が続いて久しい。

② 風媒花の作物　　風媒花の代表的な植物、特に人間の主食となる作物であるイネ科のイネ、ムギである。その他の作物ではトウモロコシ、ソルゴー、ヒエ、アワ、シバなどや畳表に使うイグザなどがある。また、栽培種以外ではイネ科、カヤツリグサ科のほとんどが風媒花である。一般にイネは７～８月の高温期に出穂・開花し花粉を飛ばす(**図 17-3**)[3]。花粉の大きさは 0.03 mm 程度で小さいため、風によって飛びやすい。イネの花粉は午前中の昼頃に多く、コムギでは午後に多い。花粉の飛散の高度分布を見ると、イネでは穂の高度より低い植被層内で多く、コムギでは穂の直近で多い。花粉の飛散は乾燥した強風時に多い。

イネが冷夏の低温で花粉が成長しない場合や花粉自体が発芽不能である場合には、たとえ風媒がうまくいっても受精できず米は稔らない。また、低温と日照不足でイネが栄養成長すら不十分な場合もある。また、花粉が成熟していても、風が吹かないために午前中は受精できなかったが、午後に風が出て運良く受精できたなど微妙な差もある。なお、イネの場合には、自家受精でもある程度は受精が可能である。

ただし、野生植物の中には、自家受精では種子が成熟しない、または種子ができても発芽しない、あるいは成長が悪く、弱い個体が多くなるなどの種類もある。いずれにしても、遺伝的に弱くなるため、他花受精が好ましい。

18　強風による偏形樹と縞枯れの発生

樹冠・樹幹や樹体に主に風の影響・作用で変形（偏形）した樹木を偏形樹（wind-formed／shaped tree）と呼ぶ（**図 18-1**）[2,3]。直接的な風の機械的作用で形成されるものとそれ以外の間接的な影響（塩・砂など）で形成されるものがある。

次に、縞枯れ（しまがれ）（wave regeneration）現象はシラビソ、オオシラビソを主とする中部地方の山地の亜高山針葉樹林中で発生する。卓越風に面する斜面で強風によって風倒木（枯死）が発生すると、枯死樹の下に実生や稚樹が生長しくことで、枯死－生長の状態が縞状に順次上方に移動する現象である[4]。**図 18-2** に南アルプス赤石山脈の聖岳（3,013 m）中腹での縞枯れの縞模様と樹木の更新状況（左）、南アルプス赤石山脈の塩見岳（3,052 m）中腹での縞枯れ現象の倒木・枯死樹と若齢樹（若木）（中、右）を示す。

（1）偏形樹のでき方

春季、特に新梢が伸びる頃の生長期の強風［乾風、乾熱風、冷風、潮風、砂塵風、有毒ガス（火山、大気汚染など）］、また冬季の強風、寒風、乾風、積雪などによって大枝や小枝が折れたり、葉が飛んだりで発生する風害による変形以外に、常時吹く風圧で風下側に樹冠・枝・樹幹がなびいた状態で固化する現象がある。一方、間接的には土壌凍結時の寒風・暖風による葉や小枝の乾燥（土壌からの水分の吸収不足）に伴う落葉・落枝や、雪氷による重みに伴う折損（強風も関与）、潮風・塩風の塩付着による塩害、飛砂風による風砂害、風雪による風雪害に伴う枝葉の枯死などが原因する。偏形樹は多くは長年月によって形成されるが、その偏形の状態は地形、地質、標高、風向・風速、気温・湿度などの土地・気象条件と樹木側の樹種、樹齢、樹高、周辺の植生等々で変わってくる。

偏形樹は、芸術的に評価できるほどの自然の造形物を形づくることがある。あるいは盆栽的な形態になるかも知れないが、本当に驚きを感じるような形のものがある。**図 18-1** はいかがであろうか。これらは、きれいと思われるかも知れないが、樹木にとっては厳しい環境に耐えて生き延びてきた結果としての形態である。感心するとともに、今後とも頑張って生き延びて欲しいと声援を贈りたくなる。

偏形樹は、永年生の樹木に形成されたものであるが、一年生の植物など草本植物にも形態が類似したものが見受けられるが、これは樹木ではないので、偏形樹ではないとせざるを得ない。なお、日陰を避けるために、あるいは陽が当たる方に曲がっ

図 18-1　セントオーガスチンのカシの偏形樹（フロリダ）（左上）[2]、ウルムチ-トルファン間の達坂城のヤナギ偏形樹（中国）（右上）[3]、マツの偏形樹（島根県日御崎灯台付近）（下）

図 18-2　南アルプス聖岳中腹の縞枯れの縞模様（左）、倒木・枯死樹（中）、若齢・幼樹と枯死樹（右）（口絵参照）

た樹木、積雪による雪圧で根元が曲がった根曲がり樹は風とは直接関係がない変形である。

(2) 偏形樹の形態区分とその利用

偏形樹は偏形した形によって大きく３区分される。

①樹体全部が風になびいて流線型をしているもの、②樹幹だけが風下に傾斜しているもの、③樹冠だけが偏形しているもの、である。なお、片面のみ枝葉がある場合に片面樹冠とも呼ぶ。

風の強い山頂部や海岸付近、沙漠地域によく発生する。**図 18-3** [5] に示すように６段階表示である。樹種によって偏形の程度は変わるため、同樹種であることが条件である。例えば、カラマツでの分類がこの樹形に相当する。

図の偏形度1は先端部、2は先端部の1/3の風上側の枝がなく、3は地上部の1/3以上の枝がなく幹も少し曲がっている、4は風上側全体の枝がなく、5では高さも2/3程度で低く曲がり方も激しく、6では高さは1/3以下となり中心の幹がほとんど枝状になっている。この偏形樹の偏形度から、逆に風速・風向を推定することが可能である。もちろん、精度が非常に高いわけではなく、概数的な評価である。風速と偏形度の関係式を求めておくとより便利であり、慣れてくると相当の精度で推定が可能である。一方、強風で非常に激しい影響を受ける地域でも評価はなんとか可能であるが、強風に塩害、砂害、雪害が複雑に関係したり、樹種・樹高・樹齢が違ったり、季節変化で種類の異なる影響の激しい場所、独立樹・森林樹で異なる場合等々では評価が難しい。

要は、非常に自然現象の影響が地理的・気候的に作用し、同樹種・同樹齢樹が多く生育している場合などでは、条件を考慮すれば評価が正確になる。樹種は、山地ではカラマツ、シラビソ、トドマツ、ポプラ、ヤマハンノキ、農村地域ではカキ、イチョウ、サクラ、海岸付近ではカシ類、マツ類などが適する。なお、日射・日陰の影響、土壌水分の影響、雪・砂・塩でも風と直接関係しない影響との区別をしながら評価する必要がある。

(3) 偏形樹による風向・風速の推定

石狩平野における暖候季の偏形樹による評価調査[5]によると、平野部の風速と卓越風向を求めている。すぐ近くに高山のない平野域では、気流が発散する領域、すなわち気流方向が幾つかに分かれ発散する地域では相対的に風が強くなることがある。気流が発散する領域では、その空気を補うために上空の強風が吹き降りてくることで、実際は強風となることがある。ただし、局地的な山の鞍部や風上側の谷上部では風が収斂(しゅうれん)し強風となるが、これには地形性の斜面を吹き上げる上昇風が関与するためである。したがって、山地か平野かなど、地形をよく見て、場所によって区別して評価する必要がある。

(4) シラビソの低温耐性

シラビソはコメツガやオオシラビソと並んで日本アルプスや八ヶ岳で極相林（繁茂した安定状態の林）をつくっている。これらは日本特産の針葉樹であり、亜高山（亜寒）帯の代表的な樹種である。この極相の森林を作る理由として、樹木の更新が関与している。亜高山帯は寒冷な地域であるが、これらは寒さに強く、冬芽や葉の細胞内の水分が凍結するのを防ぐ能力が高い。その細胞内の水分が凍結すると、ガラス片のような作用

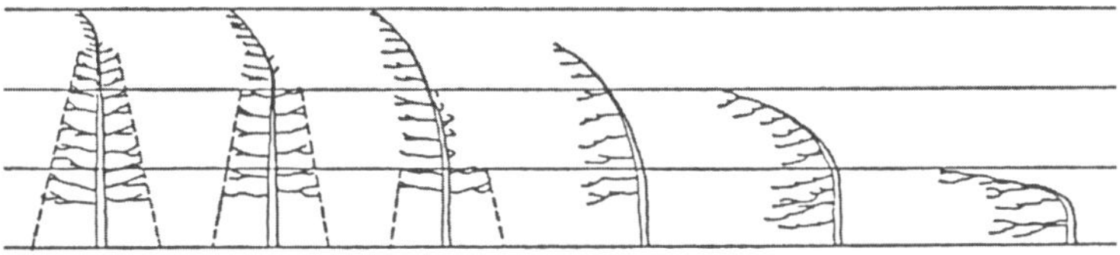

図 18-3　樹木の偏形程度による強風程度の6段階表示法[5]

を起こし細胞を傷つけてしまうが、細胞内の糖分を増やして細胞の氷結温度を下げたり細胞内の水分を少なくしたりして凍結を防いでいる。

シラビソの葉は－70℃まで耐えるという[7]。また、水を吸い上げる仮導管（広葉樹では独立したパイプ形の導管があるが、針葉樹では独立してなく細いパイプが寄せ集まった仮導管）にも工夫がある。低温になると水を吸い上げるパイプ内部の水が凍結する。春季にはパイプ内の氷が融けると気泡が発生する。するとパイプ内の水柱が切れてしまう。水は連続していないと根から水を吸い上げられなくなるが、シラビソではパイプ内は多くの箇所で上方に上がれず、袋小路のような行き止まりになっており、そこに空気も止まる構造となっている。パイプの壁には小さい穴があり、水は隣のパイプに移動して上昇する仕組みになっているため、低温に強い。針葉樹は進化のうえでは原始的であるが、低温で乾燥した気候に適応して新しく分化した種が生き残っている。また、土壌乾燥や貧土壌にも強く、さらには耐陰性も強い。

耐陰性の強いシラビソは暗い林内で発芽･生育するが、高木があるために生育できず、光をできるだけ受けるため葉が重ならないような傘を開いた樹形となり、稚樹のまま上の高木が枯れ、倒れるのを待っている。寿命は100～150年であるが、稚樹で耐える年数は数十年である。

(5) シラビソの寿命とオオシラビソの特性

シラビソは陰樹であり極相林を形成する。極相とは優占種が多種に進入されずに安定して世代交代する状態である。温帯の森林は多様性であるが、シラビソ林はほとんど同じ種の単純林相であり、倒木も同一種である。高木がある林床には実生と稚樹が待機している。シラビソが大群落を形成する理由は、低温で競走相手が少なく、耐陰性のためである。シラビソは多くの針葉樹と同様に風媒花である。群落を形成していると花粉が周辺の樹木の雌花に達する確率は高くなり、集団の維持に有利に働く。また、種子は翼のついた種を細長い5 cm程度の松ぼっくりから飛ばすが、多くの針葉樹と同様に風任せの風散布である。なお、風衝地では若いうちから種子をつけるが、多くの森林内ではまず栄養成長に重心を置き、幹を大きく高く成長させるために種子の初産齢は 50 年とされる。寿命の 100 ～ 150 年を考えると遅いように感じられる。

一方、シラビソに似たオオシラビソは、多雪地帯に生き延び、繁栄している。蔵王山、八幡平、八甲田山などには多く生育している。シラビソ、コメツガは太平洋側の山地に多いが，オオシラビソは日本海側の多雪地（積雪 4.5 m 程度まで）に多く生育している〔7〕。もちろん、豪雪地帯にはオオシラビソも生育できない。例えば、月山の高地などでは森林限界のような景色があるが、これは豪雪のためである。八ヶ岳ではシラビソとオオシラビソが混在している。両者の住み分けは雪だけではなく、耐陰性、成長速度、強風・低温・乾燥、雪圧、斜面角度、土壌水分・養分等々が関与して複雑で明確には区分できない。

（6）縞枯れ現象と風との関係

日本の亜高山針葉樹林帯のシラビソ林には縞枯れ現象がある。縞枯れ現象とは森林の中の樹木が縞状に集団で立ち枯れする現象を指す。これは日本の太平洋側山地の表日本気候区内、主として南東～南西側斜面でよく見られる。特に、中部山岳の北八ヶ岳の縞枯山（2,395 m）や長野・山梨・埼玉県境一帯の事例として雁坂嶺（2,289 m）で典型的なものがある。

シラビソの更新は群落特有の形体を示す。小さいギャップ（樹木の欠損空間）でも起こるが、特に大きいギャップでの大規模更新に特徴がある。これが縞枯れ現象による更新である。

シラビソ林の縞枯れの原因とされる風の卓越風は、台風を含めた暖候期に吹く南寄りの強風が関与する。縞枯れは風当たりの強い斜面で発生するが、枯れた場所に待機していた実生や稚樹は一斉に生育する。枯れた帯状の空間に成長し樹林が回復する。そして、その斜面上にある樹林の縁の木は風当たりが強くなるために枯れていく。したがって、縞枯れの縞は平均年間約 1 m のスピードで斜面を上方に移動する。

この風について、縞枯れの進行方向と卓越風向を偏形樹法（強風による樹木の枝葉の欠損・残存の割合・程度による強風と風向を推定する方法）(**図 18-3**)〔5〕から推定すると、風向は南～南西、縞枯れの方向は北～北東で、ちょうど卓越風の風下方向、すなわち風向と縞枯れの形態や配列、樹木の倒伏方向や縞枯れの進行方向がよく一致したことから、暖候季の南風が原因とされた〔1〕。

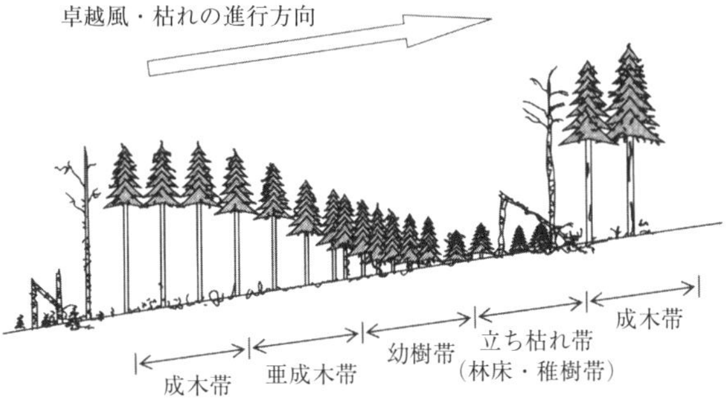

図 18-4　縞枯れ林更新の模式的状況 [6,8]

(7) 縞枯れの更新事例

縞枯れはシラビソ、オオシラビソを主とするコメツガ、トウヒの亜高山針葉樹林（混交林）中で発生し、その発生高度、発生斜面方向は大体一定している。また、卓越風に面する傾斜面上または平坦地において、風下側の上方または単に後方に移動していく特徴がある。春季の強風や夏秋季の台風による強風によって、まず風倒木地域が発生し、その南向き斜面の樹木だけが弧状ないし帯状の風倒木地域へと発達し、それが順次移動していく。発生地域は長野県の八ヶ岳連峰、秩父・甲信山地、奥日光山地、中央アルプス、紀伊半島の大峰山、大台ヶ原山でも認められる。なお、風倒木地域は土層が薄く、10 cm 程度の山地が多い。

次に、**図 18-4** [6,8] に縞枯れの更新図を示す。成木から枯死木への 2 段階の更新状況がよくわかる。さて、実際に縞枯れ林に入ると、**図 18-4** にあるように、まず立ち枯れた樹木（**図 18-2** 左）があり、そしてその中に次世代への若い苗木（稚樹帯）があり、次に若木（幼樹帯）、そして亜成木帯を経て成木帯へと連続的に繋がっている状況が見られる。さらには、成木林帯が枯損林帯へと変化する（**図 18-2** 中、右）。

その結果、成木林は強風、風雪、高･低温の気温、酸性雨（霧）など、主に気象的に、また土壌栄養的にも厳しい環境にさらされるため、長い年月で少しずつ枯死する。一方、その樹木直下の苗木は若木へと成長するため、結果的には長年月を掛けて少しずつ山頂に向かって樹木の枯れと生長（緑）が移動することになり、いわゆる縞枯れが形成されることになる。

19　風と放射能汚染

放射能汚染（radioactive contamination）は、1979年3月28日の米国北東部のスリーマイル島原子力発電所の炉心溶融事故（レベル5）および1986年4月26日には旧ソ連のチェルノブイリ原子力発電所爆発事故（レベル7）で放射能放出があった。これが2010年までの過酷な放射能汚染の状況であった。

（1）東日本大震災時の放射能汚染

2011年3月11日の東北地方太平洋沖地震（東日本大震災）の主に津波によって福島第一原子力発電所（原発）の原子炉が全電源喪失状態となり核燃料冷却装置が故障し、核燃料が溶融して3月12日1号機、13日3号機、15日2、4号機が相次いで水素爆発を起こして大量の放射能を発散させ、レベル7の過酷な放射能放出となった（**図19-1**）。

この爆発によって広範囲の大気中に放射能を拡散させた。特に、北西方向、飯舘村での汚染は顕著であった。原発爆発後の放射能の移動状況は**図19-2**に示すとおりである。

放射能は12日に発生し始め、15日9時には12 mSv/h（ミリシーベルト毎時）に達した。最初、北東風で南西方向に輸送され、次第に上空の逆風向卓越風の南西風で北東風に輸送・拡散した。また、15日15時頃から16日の降水によって福島市や飯舘村付近では放射能雨が降ったことなどで、**図19-3**に示すような放射線量となった。そして3日後には米国西海岸、6日後にはアイルランド、12日後には地球一周した[5]。

（2）放射能汚染予測システム・スピーディ

放射能の拡散予測については、SPEEDI（System for Prediction of Environmental Emergency Dose Information）（スピーディ、緊急時迅速放射能影響予測ネットワークシステム）があったが、政府の間違えた判断のもとで、爆発直後はもちろんのこと、相当長期間、放射能予測データは公表されなかった。やっと3月23日に初めて2枚の画像が公表されたが、その後のデータも長く公表されなかった。

そもそもスピーディとは原発事故が発生した時に周辺住民・国民に、その影響があるのか、迅速に予測して情報を流すためのシステムであったはずである。かつ4月4日の官房長官会見の報道によれば、気象庁は国際原子力機関（IAEA）に対しては事故発生

図 19-1　福島第一原発の爆発後の状況、中央が3号機（写真提供：東京電力）

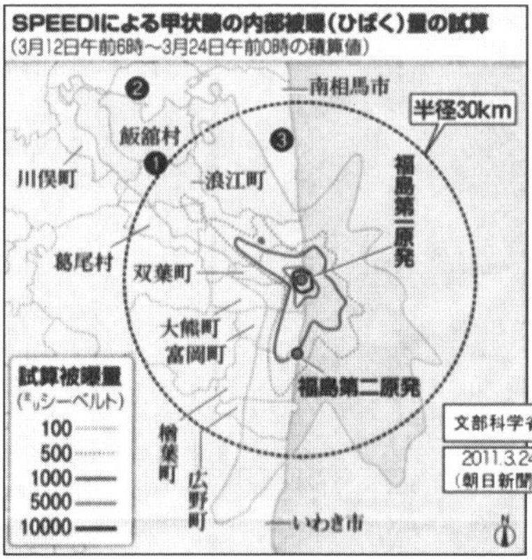

図 19-2　SPEEDI（スピーディ）で予測された放射能汚染の状況（朝日新聞）（口絵参照）

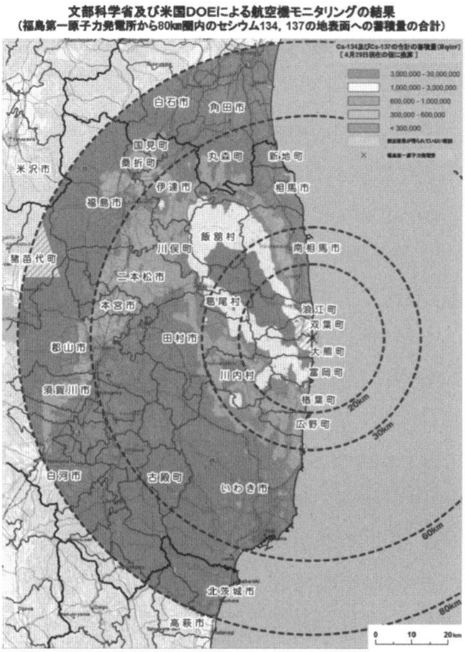

図 19-3　2011年4月29日時点での放射能汚染の推定状況（朝日新聞）（口絵参照）

直後からの予測情報を報告していた。なんと日本国内には公表せず、外国機関に情報を流していた。

このデータやアメリカが独自に観測・収集したデータをもとに推定した原発の爆発直後からの予測情報が流され、またドイツ、フランスからも放射能拡散状況が逐次流され、それらの情報がインターネットで確認できた。

当事国の日本国内では、スピーディがあるのに隠匿して肝心の緊急時に公表しなかったために、国民は有効利用できなかった。その理由として、原子力安全委員会は、「予測は必ずしも完全ではなく、災害対策をする立場の国が軽々しく出せない。国の判断の一つの材料という位置付けだ」とし、政府は、「国民が震災直後にパニックになる恐れがある」ためとしていた。すなわち、「仮定の数値に基づく予測であり実測ではないため国内対策の参考にならない。不確かな情報を流すと国民はパニックになる」との屁理屈、重大な間違い論理であった。

その上に、情報の一元化を行うためと称して、関係機関に指示を出し、情報コントロールした形跡があった。情報管制である。非常時での過剰なコントロールは善し悪しであるが、このスピーディに関しては悪であったと思われる。

スピーディは、相対値である予測データであれ、十分に役立ったはずである。この情報がないために、爆発地域住民は高濃度域の避難場所を点々と移動するなど、逆にパニック状態になって逃げ惑う結果となった。

政府のとった情報を隠蔽する態度は、一種の犯罪行為とも受け取れる。この状況を指揮する立場の人々は、重大な判断ミスを起こしたと考えられる。為政者の行動については、原発事故後の判断の検証からも疑問を感じざるを得ない。

(3) 事件発生 1 ヶ月後のスピーディの予測状況

さて、原発爆発後、しばらく経過してからのスピーディの状況について、読売新聞（2011年 4 月 13 日）記事の見出しに“大量放出を重大視、放射能物質 今も毎時 1 テラ・ベクレル、福島原発「レベル 7」”とあり、筆者は、「現在も放出が止まらないと言う事実は重い。炉が安定化しない以上、放出量がどう増えるか心配だ。（レベル）『7』の評価は、そういう意味も含んでいるのではないか」とコメントしている。

続いて、読売新聞 4 月 22 日の社会面 37 頁の記事に、次の文章がある。

福島第一原発事故で政府が公表した放射性物質の拡散予測は 2 種類ある。予測の重要性などについて、筑波大の真木太一客員教授（気象環境学）に聞いた [3]。

「今回、福島県飯舘村など、福島第一原発の北西方向で高い放射線量が検出されているのは、3 月中旬に放出された高濃度の放射性物質が海からの風で流され、雨に混じるなどして地表面に落ちた結果だと考えられる。放射性物質がどの地域にどれくらい広がっているかを予測することは、周辺住民の避難計画や生活面での対策を立てるうえで重要だ。

気象庁は、国際原子力機関（IAEA）の要請に基づき拡散予測を行った。同原発から 1 ベクレルの放射性ヨウ素 131 など放出されたと仮定し、気象データをもとに、放射性物質の地上への降下量や大気中の濃度分布などを示した。100 キロ四方ごとの大まかな試算であり、放射性物質が地球規模で広がる様子を示す目的があった。

一方、原子力安全委員会は、拡散予測システム「SPEEDI（スピーディ）」を使って 1

キロ四方ごとの精密な予測を行っている。福島第一原発の計器が故障し、放射性物質の放出量が直接計測できなくなったため、周辺の観測結果から放出量を逆算し、この推定値をもとに、気象、地形などのデータを加えて拡散状況を試算した。

SPEEDIの予測の精度は高く、避難計画の根拠の一つにもなっているが、これまで2回しか公表されてない。国民は拡散予測を知る権利があり、政府は常に最新で正確な情報を開示するべきだ」[筆者談。筑波大学客員教授（気象環境学）、67歳、九州大学名誉教授、風が農業に与える影響などを研究している（当時）]。

以上が新聞記事である。このように公表しない行動は、現在の秘密保護法にも関連するかも知れない。本法の今後の方向性と適用状況が懸念されるところである。

(4) 旧ソ連チェルノブイリ原発事故と日本の状況

次に、放射能事故関係では、世界最悪の原子力発電所爆発事故の状況を示す。

1986年4月26日に旧ソ連のチェルノブイリ原子力発電所で発生した放射能汚染は、たちどころにヨーロッパに拡散し、それが1週間後の5月3日には日本に達するとともに、5月9日には既に、西端が北米東岸に、東端が北米西岸に達しており、地球規模の汚染が世界に拡散した[1,2]。

1年間に受けた放射能は白ロシア2.0 mSv（ミリシーベルト）、ウクライナ西部で0.93、モスクワで0.46、欧州旧ソ連周辺国で0.1～0.8、日本・中国で0.008、北米で0.002であった[4]。なお、人間は年間平均2.4 mSvの放射能を受けているが、白ロシアではそれに匹敵するほどが追加されたことになる。

日本、旧ソ連での原発爆発事故で汚染は大気から土壌、海洋に及び、地球規模で拡散している。その人体、家畜、農作物、魚類など、すべてへの影響は重大である。そのうち、福島での爆発に関しては、人体への影響は福島県の人々以外にも広範囲に影響が及んだとされるが、それがどのような影響として今後長期にわたって発現するかは不明である。すなわち、原子力の安全対策については事故防止を最優先にすべきであり、十二分に対応すべきである。

日本では世界の地震地域と比較して、最高に地震の発生しやすい地域の一つである。日本海溝の直近にあり、ユーラシアプレート、北アメリカプレート、太平洋プレート、フィリピンプレートのせめぎ合いの中にあることで、地震発生は極端に多く、かつ巨大な地震発生地域の一つである。このような場所に、原発を稼働させることは半永久的にあってはならないことである。可及的速やかに全面的に廃止すべきであると考えられる。

20　カタバ風・ブリザードと風速・気温

南極は気象が厳しく、低温で強風が吹くイメージがある。それはカタバ風（katabatic wind、斜面下降風）とブリザード（blizzard、暴風雪、雪嵐）のためであろう。どちらも強風になるが、特に後者は猛烈である。カタバ風は、南極や高山で吹き、斜面下降風、滑降風、冷気流（別項23）とも呼ばれる。また、ブリザードとは暴風雪、雪嵐、猛烈な吹雪・地吹雪である。

(1) カタバ風の特徴

南極・北極域においては、日射によって地表面が受ける熱量よりも地表面から出て行く熱量、すなわち赤外放射の方が大きいため、地表面は放射冷却によって冷やされる。特に、南極では雪面で反射率が高いため、放射冷却は大きい。さらに、夜間には雪面は冷やされるため、その雪面に接する空気も冷やされ、冷えた空気は重く、下層に留まろうとするが、南極大陸の傾斜は緩いとはいえ、そこは斜面であるので、その斜面に沿って流下し始める。

そして、次第に周辺の気流とも合流して強化され、斜面の下層ではさらに強くなる。すなわち、南極は2,000 km以上もの緩い傾斜を持ち、南極大陸の周辺が急な鏡餅型の雪氷で被われているため、最初は弱くても次第に強くなり、大陸周辺では数十m/sの強風はしばしば発生する。

南極のアデリーランドでは常に強風が吹き、50 m/sを超えることは稀ではなく、場合によっては100 m/sにも達することがある。昭和基地でも、周辺低気圧と関連する場合には、50 m/sを超えたこともあるが、カタバ風としての斜面下降風だけではこれほどの強風は吹かない。また、昭和基地は大陸より約4 km離れた海氷の先のオングル島にあるため、カタバ風は昭和基地まで達しないこともある。

(2) カタバ風による筋状と層状の巻き上げ雲

さて興味深いことに、風が大陸から斜面を吹き降りる時（**図 20-1**）には、雪面から地吹雪を巻き上げながら吹くため、それが煙のように見えることで、筆者らは“汽車ポッポ”と呼んでいた。ただし、巻き上がる煙状の雪（雲）のため何本もの筋状、縞模様となる。そして、風が平坦な海氷上に吹き降りると、そこで風は跳ね上げることが多く、ハイドロリックジャンプ（跳ね水）と呼ばれる現象（ある高さから床面に落とした物体の跳ね返りと同じような現象）が起こり、写真のように上空に跳ね上がった層雲（巻き上げた雪でできた層状の雲）が発生する。この跳ね水現象のため、大陸近くで跳ね返る場合には昭和基地には届かないこともあるが、カタバ風は非常に低温で層流に近いため昭和基地まで吹き及ぶことも多い。ただし、風速は 20 m/s 程度までである。

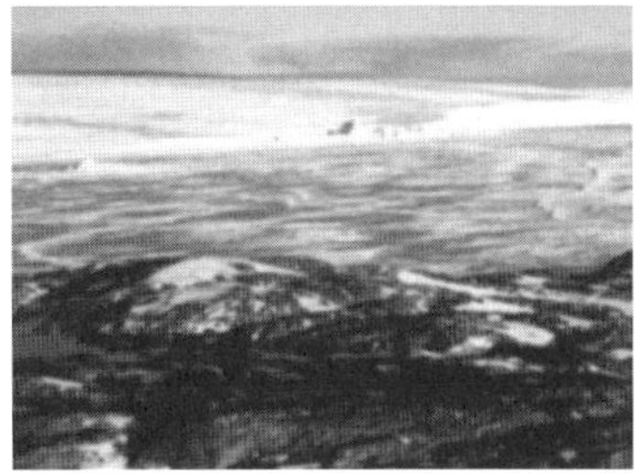

図 20-1　昭和基地より見た南極大陸の雪氷斜面を吹くカタバ風による雪の巻き上げ

(3) 風の乱れの小さいカタバ風の特性

このカタバ風は、乱流ではあるが、非常に層流に近く、すなわち風の乱れが小さい。このため、この風が吹き始めると、風の息（乱れの強さ＝平均風速に対する乱れの成分の標準偏差の比、風が息をするように強くなったり弱くなったりする指標）は非常に小さい。

台風時などでは、風はゴー、ゴーと吹くが、南極ではゴーと唸（うな）りっぱなしである。かつ、ゴーがスーと静かであり、野外でないと極端に言えば強風が吹いているかどうかわからないこともある。風速の最大と最小の差が小さく、平均風速からの差が極端に小さい。ガストファクター（突風率＝最大瞬間風速と平均風速の比）は、台風などでは 2.0 を超えることもあるが、南極では乱れが小さく 1.1 ～ 1.2 程度である [1]。

(4) カタバ風と地球規模の気象との関係

南極のカタバ風は大陸の中心から周辺に向けて吹く大陸規模のスケールである。このため、地球の自転によるコリオリの力（転向力）に影響される。この風は概して大陸中心から外側、西（左）向きに流れる（北半球での風とは逆向き）。なお、谷があると流れが合流して強風となることで、常に 20 m/s の風が吹く場所がある。そして大陸上では風向はほぼ一定である特徴がある。南極大陸の奥地にある日本の南極観測点のみずほ基地では南寄りの風向は 96 %、昭和基地では 78 %である [4]。

カタバ風は大陸規模で吹くと述べたが、これは地球規模の気象･海象に影響を及ぼす。南極大陸周辺の海氷には、ポリニア（元は氷で囲まれた冬季でも凍らない海域を指すロシア語）と呼ぶ薄い海氷域がある [4]。ここではカタバ風の吹き出しによって海水が凍り、この風と海流によって外洋に押し出される。その後も次々と海氷形成の繰り返し現象が起こり、海氷の発生域となる。海氷が形成されると真水が凍るため、そこに塩分は残ることになり、濃度･密度が高く海水は重くなり、かつ低温であるため熱塩効果（低温で塩分が多いと重力で沈む）によって深層に沈み込むことになる。この過程は地球の深層海流循環発生の源となっている。

なお、近年、地球温暖化によって氷が融け、真水が多くなるため、特にグリーンランドの東側付近では激しく、この熱塩効果が弱くなり、沈み込みが遅く弱まっている。すなわち、深層海流自体のスピードが落ち、氷河期の様相を呈しつつあるとされる。南極周辺までもが、このような真水の溶け込み現象が起こると、カタバ風が弱まり、凍結現象自体が減少することになると地球規模の温暖化に拍車を掛ける恐れが懸念される。

(5) カタバ風とブリザード

カタバ風は放射冷却が大きい早朝に最も強くなり、夕方に弱くなるような日変化を起こす。ただし、太陽が全く出ない極夜には日変化は起こらない。中緯度にある日本では太陽の日射によって日中、地表面が暖められ、最高気温が出る14時頃から夕方にかけては強風となり、早朝～午前中は弱風となる。すなわち、逆の変化形態である。そして、特に瀬戸内海では、朝凪、夕凪が海陸風によって発生し、無風に近い時間帯があるが、カタバ風とは吹き方がかなり異なる。

さて、南氷洋を南東に進む低気圧が北から近づいて来ると、低気圧に吹き込む風が影響するため、猛烈な強風となる。すなわち、雪面域では地吹雪が発生して、ブリザードとなる。なお、カタバ風は雪面にかなり近い所、例えば1 m高度が最も強い場合 (風速の垂直分布のある高さで強風のピークを持つ) もあるなどで、雪粒は雪面付近で飛ぶことになる。概してカタバ風は雪面より300 m程度までの厚さで吹くことが多い。このため、地吹雪で目の高さで非常に視界が悪くても、上空を見ると青空や雲が見えたり、夜間には月やオーロラが見えたりすることもある。これは遠い昔の体験を思い出させる。

なお、ブリザード時の写真を**図20-2**に示す。窓越しに写したが、大きなケーブルの束が右方向に大きく撓(たわ)んでいる状況がわかる。乱れの強さが小さく変化が少ないため、右方向に撓んだままであまり揺れない特徴がある。

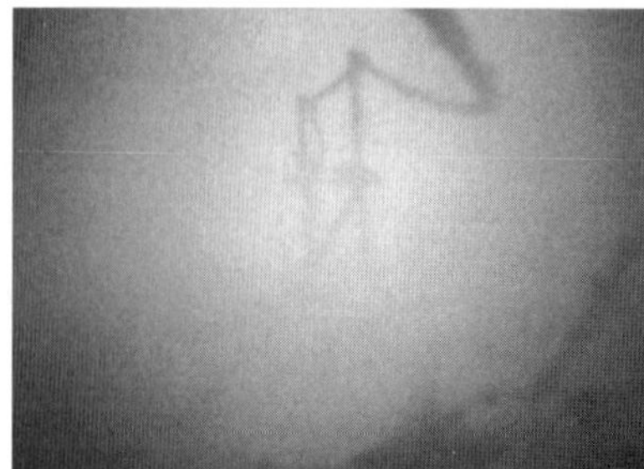

図20-2　風速40 m/sの強風時に窓越しに見たブリザードの状況。中央上部には強風で撓んだままの電線の束が見える

(6) 南極における風速と気温との関係

熱帯地域では風速が強くなると気温が下がることが多い。温帯地域で強風の条件によって気温が高くなったり、低くなったりする。南極地域では一般に風速が強くなると気温が上昇する。

ここで、風速（地上 10 m 高度の風速）と気温（地上 1.5 m 高度の気温）との関係を**図 20-3** に示す [1～3]。筆者の観測によると、南極昭和基地では、冬には風速が 1 m/s 強くなると気温が 0.5 ℃上昇する。すなわち、風速 20 m/s では 10 ℃上昇することになる。したがって、ブリザードのような強風の場合には 30 m/s になることは稀ではないので、－20 ℃から－5 ℃近くになるということである。そして、冬季では、気温－20 ℃でも、いきなり風速 40 m/s になれば、20 ℃も上昇して計算上 0 ℃になる。一方、夏季では風速が 25 m/s を超えれば、氷の粒が温度計に当たるようになり、氷の温度が観測されるようになるため、気温とはあまり関係なくなる。

図 20-3 に示したように季節別に区分すると、南極の低温を考慮した期間として南半球の冬季を 5 ～ 9 月とする。

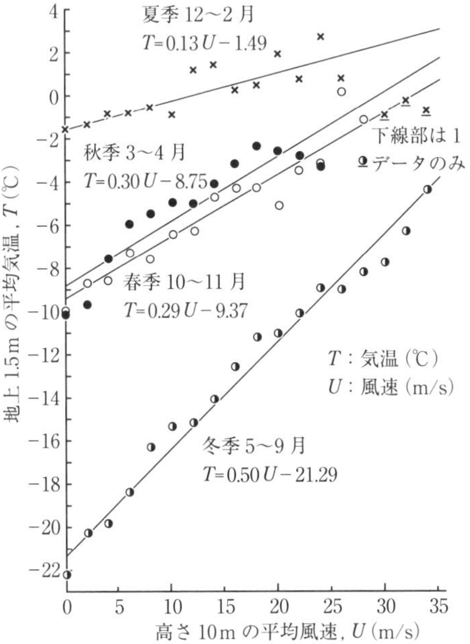

図 20-3　風が強くなると温度が上がる。風速と気温との関係 [1-3]

冬季5～9月では $T=0.50U-21.3$、春季10～11月は $T=0.29U-9.4$、夏季12～2月は $T=0.13U-1.5$、秋季3～4月は $T=0.30U-8.8$ であった。なお、最低気温発生月の冬季7月では $T=0.58U-22.6$ であった。

図20-3のように強風時には気温が上がるが、風速と気温は比例関係にあることがわかる。南極では強風と体感温度の関係は顕著である。風速1m/s当たり1℃も体感温度が低くなるとされるが、冬季では風で気温が上がることと帳消しになる。したがって、強風で一層低温であれば、きわめて厳しい温度環境になるが、そうではないので、せめてもの救いである。

なお、この強風は温帯低気圧の南極大陸への北西からの進入によって起こるが、強風時の気温上昇は北の大気や海洋からの熱の補給によるものである。そして、大陸周辺では低気圧の墓場とも言われるように、南極大陸に突入・消滅による低気圧からの熱の伝達を意味している。

一方、南極大陸からのカタバ風は低温であるが、北と南からの気温の異なる風の流入によって変わる。この風速－気温の関係はそれらの気象を込みにした平均的な関係を示したものである。すなわち、低温の南風の場合にはあまり強風にならなく、一方、相対的に高温の北風の場合には強風となることが多い結果である。

風力階級

0	静穏	0.0～0.3m/s未満
1	至軽風	0.3～1.6m/s未満
2	軽風	1.6～3.4m/s未満
3	軟風	3.4～5.5m/s未満
4	和風	5.5～8.0m/s未満
5	疾風	8.0～10.8m/s未満
6	雄風	10.8～13.9m/s未満
7	強風	13.9～17.2m/s未満
8	疾強風	17.2～20.8m/s未満
9	大強風	20.8～24.5m/s未満
10	暴風	24.5～28.5m/s未満
11	烈風	28.5～32.7m/s未満
12	颶風	32.7m/s以上

21　竜巻と突風

竜巻(tornado, waterspout)とは、積雲、積乱雲などで発生する激しい渦巻きで漏斗状、柱状の雲を伴う。アメリカのトルネード（tornado）より規模が小さいが、同程度のものも多く、一般的に同一視することが多い。

（1）気象庁の竜巻の定義

気象庁では“竜巻などの激しい突風とは”の説明として、「発達した積乱雲からは、竜巻、ダウンバースト、ガストフロントといった、激しい突風をもたらす現象が発生します。竜巻は、積乱雲に伴う強い上昇気流により発生する激しい渦巻きで、多くの場合、漏斗状または柱状の雲を伴います。直径は数十～数百 m で、数 km に渡って移動し、被害地域は帯状になる特徴があります。ダウンバーストは、積乱雲から吹き降ろす下降気流が地表に衝突して水平に吹き出す激しい空気の流れです。吹き出しの広がりは数百 m から十 km 程度で、被害地域は円形あるいは楕円形など面的に広がる特徴があります。ガストフロントは、積乱雲の下で形成された冷たい（重い）空気の塊が、その重みにより温かい（軽い）空気の側に流れ出すことによって発生します。水平の広がりは竜巻やダウンバーストより大きく、数十 km 以上に達することもあります」としている。

（2）竜巻の種類と発生状況

竜巻には陸上竜巻（陸上にある竜巻）、水上・海上竜巻（水上・海上にある竜巻）、空中竜巻（漏斗雲で渦巻きの下端が地水面に達しない空中の竜巻で、含めない場合もある）、多重渦竜巻（複数の渦がある竜巻群）、衛星竜巻［強い竜巻の周辺を回転しながら動く付随的な竜巻(砂煙の舞い上がりが見え、草原に引っ掻き状の通過跡ができる)］がある。なお、塵旋風（地上で熱せられた空気が渦を巻いて上昇する積乱雲によらない現象）とは異なる。

最近、明確なデータはないとされるが、竜巻が増加した印象がある。気象庁による 1981 年からの突風被害（竜巻、ダウンバースト、ガストフロント）では、1990 年からの発生で 14 例あり、竜巻 9 回、ダウンバースト 2 回、ガストフロント 1 回、不明（台風害、冬季の局地的季節風）2 回である。F1 ～ F2（F は藤田スケール）が 5 回、F3 が 4 回である。ただし、F2 ～ F3 の 1 回は F3 には入れていない。死者の出た竜巻は 1990 ～ 1999 年 5 回、2006 ～ 2012 年 4 回で、1981 ～ 89、2000 ～ 2005、2013 年（竜巻以外では死者あり）には全くなく、著しい偏（かたよ）り、かつ周期性があるように思われる。

過去の主な被害として、気象庁が把握している突風被害のうち、1981年以降について、死者1名以上、藤田スケールF3、および2012～2013年では被害の大きい事例は**表21-1**のとおりである。

この統計にないその他の竜巻を考慮しても、最近、増えているように感じられる。一方では、竜巻に関心が強く注意して観察したり、一般からの報告数が多くなったりするなどで、竜巻が増えたように感じるだけとの見方もあり、はたしてどうであろうか。筆者は後述する理由で増えていると推測している。なお、発生時間は11～16時、19時頃のように、午後に多く発生する。これは、気温の日変化から考えて午後に強風が吹きやすいことと、大気安定度が不安定化することと関連している。

2006年9月17日に台風13号に伴った宮崎県延岡市の竜巻（F2）では、家屋倒壊や列車の転覆などで死者3人が出た。その突発災害の科学研究費（研究代表：真木、2007）が実施されている最中（さなか）の11月7日には北海道佐呂間町で竜巻（F3）が発生し、死者9名が出た。北海道でのこのような強い竜巻は初めてであり、地球温暖化の影響であるとも考えられた。なお、1990年12月11日の愛知県豊橋市、1999年9月24日の千葉県茂原市、2012年5月6日の茨城県常総市での発生はF3であり、日本では4回のみである。

(3) 2012年の関東の竜巻

2012年5月6日に茨城県常総市（激甚被害域はつくば市北条地区）、筑西市、栃木県真岡市の3ヶ所で突風が発生し、大きい被害が出た。突風災害はスーパーセル（複数の積乱雲が合体した巨大な10～20 kmの積乱雲群）から発生した竜巻によるものであり、上空の乾燥・寒気（5,500 mで－19.1 ℃）と地表気温25.6 ℃の気温差に南からの湿った気流が侵入したことによって発生した激しい渦巻き状の強風に起因した。竜巻は常総市から発生し幅500 mで長さ17 kmに及んだ。常総市、つくば市での竜巻はF3の強さであり、死者1名、負傷者37名、住宅の全壊76戸、半壊158戸に達し、家屋の倒壊、屋根の破損、電柱の折損、倒木、ビニールハウスの飛散、田植え前後の水田への飛散物落下等々、広範囲の被害が発生した（**図21-1、21-2**）。なお、県営雇用促進住宅5階建ビル2棟の直前付近ではF3と評価される強さであったが、激甚被害が狭かったことなどで当初はF2と評価される一方、負傷者50名以上、被害家屋約1,000棟とされていた。なお、県営ビルが風下側の下層域の暴風を弱めた可能性が高かった。筆者は、フジテレビの要請によって翌7日に竜巻の映像を見ながら竜巻の移動状況や

表 21-1　最近の竜巻、ダウンバーストなどの強風被害（気象庁）

現象区別	発生日時	発生場所	藤田スケール	死者	負傷者	住家全壊	住家半壊
竜巻	2013年9月16日1時30分・2時頃	埼玉県比企郡滑川町・熊谷市	F1	0	6	10	12
竜巻	2013年9月2日14時00分頃	埼玉県 さいたま市	F2	0	64	14	27
竜巻	2012年5月6日12時40分頃	栃木県 真岡市	F1～F2	0	12	13	35
竜巻	2012年5月6日12時35分頃	*茨城県 常総市	F3	1	37	76	158
竜巻	2011年11月18日19時10分頃	鹿児島県 大島郡徳之島	F2	3	0	1	0
ガストフロント	2008年7月27日12時50分頃	福井県 敦賀市	F0	1	9	0	0
竜巻	2006年11月7日13時23分	北海道 佐呂間町	F3	9	31	7	7
竜巻	2006年9月17日14時03分	宮崎県 延岡市	F2	3	143	*79	*348
その他（不明を含む）	2005年12月25日19時10分頃*（局地強風、鉄道、瞬間23.6 m/s）	山形県 酒田市	F1	5	33	0	0
その他（不明を含む）	2004年10月9日16時00分頃*（台風22号、最大39.4 m/s、瞬間63.3 m/s）	静岡県 伊東市	不明	*5	*100	*165	*244
ダウンバースト	2003年10月13日15時30分頃	茨城県 神栖町	F1～F2	2	7	不明	不明
竜巻	1999年9月24日11時07分	愛知県 豊橋市	F3	0	415	40	309
竜巻	1997年10月14日13時45分	長崎県 郷ノ浦町	F1～F2	1	0	0	0
ダウンバースト	1996年7月15日14時50分	茨城県 下館市	F1～F2	1	19	1	69
竜巻	1991年2月15日11時00分頃	福井県(湖上)	F1	*1	*5	*1	0
竜巻	1990年12月11日19時13分	千葉県 茂原市	F3	1	73	82	161
竜巻	1990年2月19日15時15分頃	鹿児島県 枕崎市	(F2～F3)	1	18	29	88

被害数「*」は他の気象現象による被害数も含む。藤田スケールの括弧は、文献等からの引用または被害のおおまかな情報からの推定である。発生場所「*」は常総市であるが、被害発生場所は主につくば市である。発生日時「*」の（　）内は著者が追加した。

県営ビルの被害とその影響について解説した。

（4）竜巻の特性

強力な竜巻は、スーパーセルまたは親雲と呼ばれる積乱雲に伴って発生するが、これらと関係ない場合でも時々発生する。スーパーセルには上昇・下降気流の領域があり、下降気流中では強雨があり、大気や地上での蒸発時に大気から気化熱を奪い大気下層を冷やすとともに自重で大気を押し下げ下降気流を強化する。そこでは霰・雹が降りダウンバースト（強力な下降気流）が吹く。上昇気流の方は地上から 10 ～ 15 km の対流圏界面（対流・成層圏の境界）に向けて空気が上昇する時に水蒸気が凝結し雲ができる。そして下降気流域より上昇気流域の空気が軽いため気圧が低下し、低気圧性回転を起こし、メソサイクロン（小規模低気圧）ができる。こうなると回転による遠心力が掛かり、気圧が低下し周辺空気を巻き込み強化される。メソサイクロンの下降・上昇気流域全体も回転する。下降気流から周辺に流れ出す気流は、南東域の風と衝突するとガストフロントが発生し、寒冷前線に類似した前線面では上昇・下降気流が混合し、風のシア（大きい風速差や乱気流）が発生する。これらの渦の一部が上昇気流と合体して竜巻に成長するとされている。

この時、地形性の凹凸、例えば島や半島の障害物があるとシアがより一層強化され、水平方向の回転渦が発達して竜巻に発生すると考えられる。事実、2006年の台風に伴う宮崎県延岡市の竜巻は南南東の半島・岬が、また臼杵市・大分市の竜巻は小島が発生させたと推測している[1,2]。

竜巻は雲底からゾウの鼻型の漏斗雲を発生することが多い。これは竜巻に巻き込まれた水蒸気が急激な気圧低下で凝結するためである。なお、地上にある渦が上昇気流で上昇する場合が多いとされるが、上空から下降気流によって引き下ろされる場合もある。なお、アメリカでの強いトルネードでは上空からの下降が強く、地上に達するとタッ

図 21-1　竜巻の発生直後の雲行きと被害状況（2012年5月6日。つくば市北条地区）。①：筑波大学農林技術センター屋上から見た筑波山方面の雲の状況（竜巻被害直後）、②：真上の積乱雲下層の激しい対流状態、③：右側付近が最も激しい被害を被った県営住宅。ここを竜巻は左斜めから右後方へと通過した。そのため、後方の住宅地の被害発生が幾分軽減した。④：死者が出た建物で、コンクリートの基礎が住宅の上に乗り、完全に反転している。中央より左側域は基礎の下に敷いてあった砂利

チダウン（着地）と呼ぶ用語があるほど事例が多いのかも知れない。竜巻は水平スケールが小さいため、気圧傾度力（気圧の場所間差、傾きの強さ）と遠心力とで決まることが多く、局地的であり、コリオリの力は考慮しなくてもよいため、時計回り、反時計回りの竜巻が発生する。もちろんメソサイクロンの場合、北半球では反時計回りが多い。

竜巻は親雲の進行方向に沿うことが多く、北～東に移動する。常総市、つくば市では北東～東北東に進行したが、宮崎県、大分県での台風に関係した竜巻では、南東から北西に進行した。ところで、竜巻の中心では真空に近い吸い上げ風が吹くため、物（瓦、板・柱、水中の魚、車など）が巻き上げられ、後で上空から降ってくることがある。

アメリカではトルネードは非常に多く発生し、死者数も多く、80 年振りに 2011 年に死者 500 名を超え、4 月 27 日には 1 日に 188 個も発生した。なお、トルネードが近づくと多くの家庭では地下室に逃げ込む。日本での竜巻はアメリカの大平原で発生するトルネードより一般的に弱いとされてきたが、最近では強いものが発生するようになっている。今後は地球温暖化による地表付近 (対流圏) の高温化に対して、その上空の成層圏（高度 10 ～ 30 km）の低温化による気温較差の増大が続いており、竜巻、雷雨などの極端気象が明らかに増加しつつある。今後とも増加すると推測される。

図 21-2　2012年5月6日の竜巻によるつくば市北条地区の被害状況。(A) 道路よりはみ出し横転したトラック、(B) 竜巻による被害特性を示す剥ぎ取られたサクラの樹皮とサクラの幹折れ・倒伏、(C) 商店の屋根などの破損、(D) 激しい風害を受けた住宅とガードレールに貼り付いた泥土

(5) 竜巻の強度スケール

藤田スケール（シカゴ大の故藤田哲也考案の竜巻の強さを表す国際的指標）は、平均時間によって風速は幾分異なる。ここでは従来の風速と 3 秒平均の新しい風速を並べて示す [3,4]。

F0：17 ～ 32 m/s（約 15 秒平均）、20 ～ 35 m/s（3 秒平均）。
テレビアンテナなどの弱い構造物が倒れる。小枝が折れ、根の浅い木が傾くことがある。非住家が壊れるかも知れない。

F1：33 ～ 49 m/s（約 10 秒平均）、35 ～ 52 m/s（3 秒平均）。
屋根瓦が飛び、ガラス窓が割れる。ビニールハウスの被害甚大。根の弱い木は倒れ、強い木は幹が折れたりする。走っている自動車が横風を受けると、道から吹き落とされる。

F2：50 ～ 69 m/s（約 7 秒平均）、53 ～ 72 m/s（3 秒平均）。
住家の屋根が剥ぎ取られ、弱い非住家は倒壊する。大木が倒れたり、ねじ切られる。自動車が道から吹き飛ばされ、汽車が脱線することがある。

F3：70 ～ 92 m/s（約 5 秒平均）、72 ～ 93 m/s（3 秒平均）。
壁が押し倒され住家が倒壊する。非住家はバラバラになって飛散し、鉄骨造りでもつぶれる。汽車は転覆し、自動車は持ち上げられて飛ばされる。森林の大木でも、大半折れるか倒れるかし、引き抜かれることもある。

F4：93 ～ 116 m/s（約 4 秒平均）、93 ～ 117 m/s（3 秒平均）。
住家はバラバラになって辺りに飛散し、弱い非住家は跡形なく吹き飛ばされてしまう。鉄骨造りでもペシャンコ。列車が吹き飛ばされ、自動車は何十 m も空中飛行する。1 トン以上ある物体が降ってきて、危険この上もない。

F5：117 ～ 142 m/s（約 3 秒平均）、117 ～ 142 m/s（3 秒平均）。
住家は跡形もなく吹き飛ばされるし、立木の皮が取られてしまったりする。自動車、列車などが持ち上げられて飛行し、とんでもない所まで飛ばされる。数トンもある物体がどこからともなく降ってくる。

22　風と火炎熱・冷源が作る火災旋風・竜巻

関東大震災と東日本大震災を起こした地震の規模、強度などを比較するとともに、関東大震災時に発生した火災旋風（火災竜巻）(fire whirlwind ／ tornado) の特徴と発生原因と状況について、新たに気象的に考察した結果を述べる。

(1) 関東大震災と東日本大震災

関東大震災は 1923（大正 12）年 9 月 1 日 11 時 58 分に、神奈川県相模湾北西沖の地下 80 km を震源とするマグニチュード（M）7.9、震度 7 の地震（大正関東地震）によって発生し、神奈川県・東京都を中心に千葉・茨城・静岡・山梨県などの内陸・沿岸域の広範囲に被害を及ぼす史上最大級の災害であった。死者・行方不明者数 10.5 万人以上（14.3 万人とも）は、2011 年 3 月 11 日の東日本大震災（東北地方太平洋沖地震）よりも遙かに多かった。全壊家屋は約 11.0 万棟、焼失家屋は約 21.2 万棟（全壊約 12.8 万棟、焼失約 44.7 万棟とも）とされている [10]。

東京の被害は東京市社会局によると、焼失家屋 407,992 戸（地震発生前の家屋 638,860 戸で 64%の焼失）、罹災人口 1,505,029 人（地震前の人口 2,437,503 人で 65 %の罹災数）であり、どちらも 2/3 に達する。死者数約 9.1 万人（火災による死者約 7.6 万人で 83 %、家屋倒壊による圧死者数約 1.1 万人で 12 %）である。行方不明者のうち、火災による焼死者 90 %、圧死者 4 %であり、負傷者数は火災 62 %、倒壊 28 %であった。また、家屋倒壊は激しく、東京中心部では 20 ～ 30 %であったが、その後の火災で多くは焼失した。

地震については、9 月 1 日 11 時 58 分 32 秒の本震 M 7.9（神奈川県西部）に続いて、12 時 01 分 M 7.2（東京湾北部）、03 分 M 7.3（山梨県東部）、48 分 M 7.1（東京湾）が発生し、9 月 2 日 11 時 46 分 M 7.6(千葉県津浦沖)、18 時 27 分 M 7.1(九十九里沖) で、M 7.1 以上の地震（阪神大震災 M 7.3、震度 7 並み）が 6 回発生した（中央気象台）[5]。なお、2011 年 3 月 11 日の東日本大震災では M9.0(三陸沖)、震度 7 の発生では、前震は 3 月 9 日 M 7.3（三陸沖）、余震は 3 月 11 日 M 7.4（岩手県沖）、M 7.6（茨城県沖）、M 7.5（三陸沖）の 3 回、4 月 7 日 M 7.2（宮城県沖）、4 月 11 日 M 7.0（福島県浜通り沖）、7 月 10 日 M 7.3（三陸沖）で M 7.0 以上が 6 回発生した。なお、2012 年 12 月 7 日 M 7.3（三陸沖）、2013 年 10 月 26 日 M 7.1（福島県沖）がある（気象庁）。

(2) 被服敞跡地での竜巻焼死者４万人の大惨事

震災時には、陸軍本所被服敞跡地（67,400 m^2、現：東京都墨田区横綱二丁目、両国駅北）[9]での火災旋風（火炎風[3]、竜巻。以下、主に竜巻を使用）による大惨事があり、ここだけで焼死者は約４万人（3.8～4.4万人）、生存者は僅か2,000人の５％であった。その跡地は逓信省と東京市に払い下げられており、運動公園と小学校が建設される予定で、当時は空地であった。

被服敞跡地には、人々は適当な避難地として、また相生（両国）警察署の誘導もあり、荷物を背負った人、手荷物を持った人、中には馬車に積んだ家具を持ち込む人など、４万人以上が押しかけ、それぞれの居場所をつくる頃に突風、火災、竜巻、火炎が襲いかかった。木材、瓦、石、煉瓦、荷車、自転車、トタン板、人馬、家財道具、さらには赤熱した金属、燃え盛る物体が巻き上げられ、上空から撒(ま)き散らされ広域に散乱した。そして大多数が焼け死んだ。

惨状を「婦人公論」の記事から要約すると、父母が目前でじりじりと焼かれ死んでいく狂気の沙汰であった。それも一度で焼け死なず、何度か熱風が吹いて来るたびに焼かれた。中には風が止むと付近の泥濘(ぬかるみ)を掘り頭から体一面に塗って猛火を防ぐ人、自転車で猛火に突進する人、死骸を体の上に被って猛火を防ぐ人、倒れた人の上を踏みつけるうちに倒れて下の人を被ってしまった人、そして火炎と煙で喉がつまり窒息する人々の惨状や馬が暴れて人を踏みつけ圧死や怪我を負う惨状など、全くの地獄であった。竜巻は一度ならず何度も襲い、被害を拡大した特徴が伺える。

関東大震災では、火災は136件と多地点の出火であった[10]。昼時で多くの地点で火を使っていたためであり、台風に吹き込む強風に煽(あお)られて、東京、横浜の広範囲に延焼し、東京では鎮火したのは２日後の３日10時頃であった。

(3) 震災時前後の天候

震災前日の８月31日14時に30.4℃を記録し、九州には988 hPaの台風があり、中国地方付近から岐阜県北部を通り、地震発生時には東北地方南部に達して太平洋に抜ける頃と推測される。震災前日と当日の天気図を**図22-1**（中央気象台）[2]に示す。９月１日６時には岐阜県北部に台風か弱まった熱帯低気圧（中心997 hPa）があり、関東では南西の強風が吹いていた。東京・横浜では早朝にかなりの強雨・強風があった。そして地震発生時の12時頃には日が照り始め、横浜では30℃を超え、東京では１日３時25.0℃、６時26.2℃、南東7.8 m/s、９時26.3℃、南11.2 m/s、12時28.7℃、南南西12.3 m/sであった。なお、９月２日未明には東京（中央気象台）で46.4℃を記

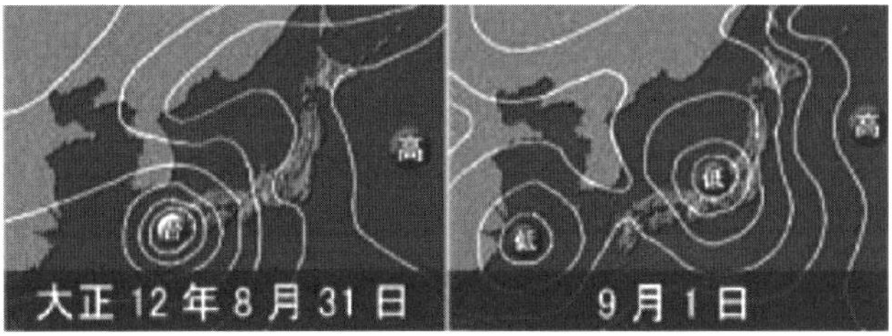

図 22-1　震災当日（1923年9月1日）と前日の天気図

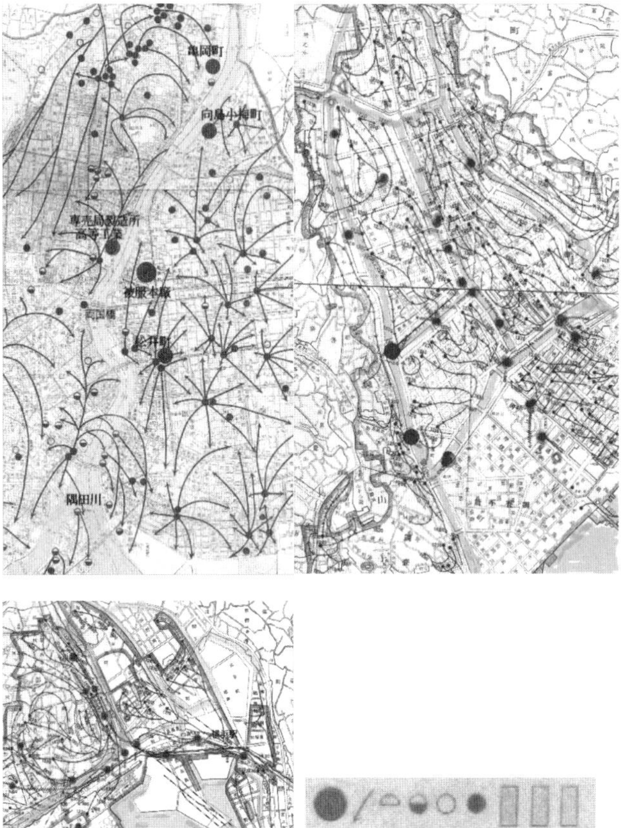

図 22-2　東京の被服敞跡地付近南北 4.0 km 内に 5 個の火災旋風（竜巻）発生（左上）、横浜南部地域（図中の左下方が山手地区）（右上）、横浜停車場（横浜駅）付近（図中右下方に横浜駅）での竜巻の発生状況（左下）（大正震災志、内務省社会局編纂）。凡例 1：9 月 1 日、2：9 月 2 日、3：9 月 3 日の焼失領域、4：発火点、5：即時消止、6：飛火、7：即時消止、8：延焼方向、9：旋風　（口絵参照）

録しているが、これは付近の火災による高温化の影響であり、その頃に気象台本館も焼失している。

なお、震災時、竜巻は東京で110個、横浜で30個発生したとされ、竜巻に襲われた時間帯には避難地の北・東・南に火の手が迫っており、また西側は隅田川の対岸にも大規模な火災域があった[8]。これらの火災が竜巻を発生させて大惨事となった。竜巻の風速は直径30 cmの樹木がねじ折れていたことから80 m/sと推測された[8]。

(4) 竜巻による被害発生に関する著者の考察

竜巻を推測すると、火災の燃焼熱による上空への上昇気流（浮力）に、折からの南南西の強風（風向風速の変化の大きいシア）が吹きつけて北寄りに曲げられ火炎と煙が上昇し、一層乱れを強めた。さらに大きく影響したのは隅田川である。この日は夏季の日射が少しある天候で、14時頃は最高気温の出る時間帯でもあり、地表面温度の方が川の水面の温度（水温）よりもはるかに高くなっていた。陸地の地表面上はヒートアイランド（熱島）であり、川面上はクールアイランド（冷島）であるため、もちろん火炎熱は膨大ではあるが、場所による気温差を一層拡大させる原因となっていた。その結果、気流が不安定となり、まだらな気温差のある範囲を形成され、竜巻の発生・強化となった。このことは付近での発生5ヶ所すべてが、隅田川沿いであることに重要な意味がある。

さて、被服敞跡地では5ヶ所で竜巻が発生しているが、**図22-2**左上（大正震災志、内務省社会局編纂）のように松井町（被服敞より1.1 km）、対岸の専売局製造所高等工業（同0.6 km）でも発生している。そして被服敞跡の北東部の火災域で大規模な火災旋風が発生したとされている。

火災実験にもあるように1 km程度の竜巻の移動と揺らぎ（竜巻の渦の熱が吹きつける範囲）は当然起こり得る。すなわち、松井町での発生竜巻の影響は可能性大であり、特に南寄りの風に流されての襲来は十分あり得る。これは、被服敞での竜巻以外に何度もの竜巻襲来を裏づけている。これら竜巻の複数発生とその揺らぎ（後述の竜巻の乗り移り）の主原因は火炎と隅田川であるが、加えて複数回の発生原因はカルマン渦の発生原理（円柱の後方にできる規則的な渦列）による竜巻の発生もあり得ると考えられる。また、隅田川上での水蒸気（湯気）の渦が周辺の高熱に影響されて発生し、その火炎を含まない渦に本体の竜巻の火炎渦が乗り移る現象も後述の実験から推測できる。以上のように複数個の竜巻およびそれらが広範囲に周辺を動き回った可能性は十分あり得る。

また、竜巻は被服敞跡地以外に隅田側の西岸から川を渡って東岸の被服敞跡地に来

図 22-3　東京の中心地域の火災の発生地点と延焼範囲（大江戸博物館）

襲した報告もある[1]。すなわち、高等工業（600 m）からの移動や揺らぎと推測されるが、1 km 程度の小範囲であれば十分風上側に移動する。また、火災現場では比較的多く右巻の竜巻が発生すること（北半球では地球自転によるコリオリの力のため、一般の竜巻は左巻が多い）も作用した可能性はある。

また、横浜（**図 22-2** 右上・左下）でも川沿いでほとんど発生しているが、同様に火炎とクールアイランドが影響したと推測される。なお、川面からの蒸発による水蒸気によって水面付近での気流の回転、渦を発生させ、それに火災熱の渦が置き換わった、あるいは本体の竜巻に取り込まれたと推測される。これは後述の火災風洞実験[6]で説明がつく現象である。

なお、東京の中心地域の火災発生地点とその延焼範囲を**図 22-3**（大江戸博物館展示）に示す。如何に震災による火災が大規模であったかを示している。

（5）火災旋風（竜巻）の模型実験

模型実験ではＬ字型の燃焼域（2 辺から火災が迫る単純化したモデル）に対して被服敞跡を空地として、実験では冷却用のレンガ面に散水していたが、その水が湯気となってＬ字型中央部で回転し始めた。最初は火災を伴わない渦が、やがて火炎渦に置き換わる（乗り移る）現象が発生した。それは縦横無尽に動き回り、強風をもたらして周辺のモデル木片を吹き飛ばすとともに発火させる現象の出現は、現場では竜巻（相似則による推定モデルで 1 km）が発生し、広範囲にのたうち、荒れ狂うことを裏づけている。なお、Ｌ字型の長辺、短辺ともに風下にモデル的な竜巻が発生したこと、特に空地にも発生したことは実験の成果であった[6,7]。

(6) 神奈川県小田原の竜巻などの事例

なお、火災旋風(竜巻)は神奈川県小田原でも発生した。地震火災が南西風に煽られて、複数個発生し、各種物体、焼きトタン板等々が巻い上がった。桜樹に掴まったままの人も巻き上げられたが、地上に無事落下してしばらく放心状態だった人もいた。竜巻は20～30分ごとに数回襲ってきた。そのたびに、布団を被ってやり過ごす人もいた。数十名の小集団で、地形や塀・樹木(防風林)の利用、水や布団の利用などで難を逃れた[4]。

さて、太平洋戦争時の東京池袋東の根津山でのこと、1945年4月でB29空の爆撃によって付近に火災が起こり、見える範囲の家が全部燃え尽きた頃に竜巻が発生した事例(空襲「根津山」HPより)、1945年2月25日の大雪日の爆撃の時に神田で起こった竜巻は火の粉と雪をまき散らせたが、大雪だったことで、被害が少なかった事例(府中市在住者HPより)もある。すなわち、竜巻は大火によって比較的頻繁に発生することが確認できる。

山風、谷風、山谷風

日中に日射があると、山地の方が谷地より早く気温が上昇するため山の中腹では気圧が低くなり上昇気流が発生する。この風に引かれて日中から夕方にかけては谷や平野から吹くため谷風と呼ぶ。夜間から早朝には谷の方が相対的に気温が高く、山地の中腹の方が冷却されやすいため、山からの吹き下ろしの風、山風が吹くようになる。この山風と谷風を合わせて山谷風と呼び、上層では逆風が吹き循環風が形成される。複雑地形での実際の風は、斜面の向きや時間によって複雑に吹く。

23　風穴の風は自然の冷蔵庫

風穴 (cave wind) は、ふうけつ、かざあなと呼ばれる。風穴には、洞穴風穴と累石風穴がある。洞穴風穴には富士山の溶岩洞穴のように溶岩が冷える時に、内部のどろどろの溶岩液が一部破れた部分から流れ出して空洞になったトンネル状の残物である。富士山の北西部域に、富士・本栖・神座・大室・冨岳・竜宮風穴がある。これらの風穴の多くは人が入ることができ、氷柱を見ることができる。付近には、鳴沢氷穴や鳴沢溶岩樹型もあり、樹木が燃えて溶岩跡が残った樹型穴がある。

一方、累積した岩石の隙間にできた累石風穴には、山形県天童市のジャガラモガラ風穴、秋田県大館市の長走風穴、愛媛県東温市 (旧重信町) の皿ヶ嶺 (1,271 m) 山頂付近の皿ヶ嶺風穴、愛媛県西条市の石鎚山 (1,982 m) 東方の瓶ヶ森(かめがもり) (1,896 m) 山麓の風透(かぜすき)風穴、福島県下郷町の中山風穴などでは 0.2 ～ 2 m の小さい石の累積のため空気のみが出入りできる状況で、人は入れない。しかし、宮崎県高千穂町の祖母山 (1,757 m) 山頂付近にある祖母山風穴は巨岩の累積であり、隙間が広く人がなんとか入れるため、洞穴風穴とも呼ばれ、内部では氷柱が見られる。調査した風穴のうち、ジャガラモガラ風穴を中心に紹介する。

(1) ジャガラモガラ風穴と天然記念物

1996 年 6 月 24 日の毎日新聞「夢幻探索」にジャガラモガラ風穴が特集された。夏季の低温風と植生の逆転に興味が湧いたが、可笑(おか)しい点や不明な点として、夏季の吸い込み口の位置と風穴の気象特性があったので解明した [1,2]。3 年後の 1999 年 6 月 15 日の毎日新聞 (夕刊) 特集ワイド 2 に大きく掲載された。

ジャガラモガラ風穴は 1971 年 3 月に山形県天童市の天然記念物に、1995 年 3 月 28 日に山形県指定有形文化財 (ジャガラモガラ風穴植物群落) に指定された。それを機会に天然記念物「ジャガラモガラ」(天童市、1996) が出版され、歴史、地理、植物などの謎を巡る多方面からの探求が報告された。しかし、風穴の暖候期における冷気の吹き出し口は自明であるが、その吸い込み口の位置は不明であるどころか、それ自体触れられていなかった。

ジャガラモガラは盆地 (窪地、凹地) 地形で、多くは土石と植生に覆われているが、東斜面の石礫のある場所から夏季に冷気が吹き出している。そこで①風穴の冷気の成因と特徴、②地形と植生の特徴、③盆地内の気温分布と植生分布の逆転現象、④風穴気温の年変化、⑤不明な夏季の吸い込み口と冬季の吹き出し口を調査解明した。

ジャガラモガラの語源説として、複雑地形の形容、姥捨、アイヌ語、じゃんがら念仏、龍神などの説があり、どれも一説ありそうであるが、天然記念物（山形県、1943）に「恐らくは東北地方に於いて広く使用される錯雑とした地形の形容ジャガジャガからきた前語と語便からきた後語によってできたものと推察されるが、場合によっては盛り上げた土状の地形をモガモガと形容することもある」と記述されている。よって、変化の多い複雑地形の形容が語源と考えられる。

(2) ジャガラモガラの盆地地形とその特徴

ジャガラモガラは北緯38°21′、東経140°26′にあり、天童市の東南東6.5 kmの雨呼山（905.5 m）の中腹にある盆地（窪地・凹地）（**図23-1**）[1] である。代表例は標高560 mの等高線に囲まれた東西90 m、南北250 mの擂り鉢状であり、深さ約70 m、底部の標高535 mである。最大は大地獄で、一般的には標高540 mの等高線に囲まれた東西40 m、南北60 mの楕円形の盆地を指す。周辺には幾つかの盆地・窪地があり、上地獄、下地獄，大畑の窪、牛蒡畑の窪、村雲の窪、一丁八歩の窪があり、まとめた名称がジャガラモガラ盆地である。

そこは大規模な地滑り地帯にあり、滑落表面と下層面には流紋岩（石英粗面岩）の角張った砕石が堆積している。大地獄の南東の先鋒直下は断崖で現在も崩落している。この岩壁から砕石地付近が夏季（高温時）の吸い込み口と冬季（低温時）の吹き出し口である。

図23- 1の冬季の風穴内の気温は強い気温逆転がある盆地底よりも高温のため、軽い空気となり風穴内を上昇してAから外に出る。その作用でCから冷気が吸い込まれる。その冷気は風穴内で氷を形成させて、その氷に冷温が貯熱される。春夏季には風穴内には氷があり、低温であるため、Aから吸い込まれた空気は風穴内で氷から冷熱をもらい、Cから出る。その氷が長持ちする理由は、一度融けた氷は水滴としてその下の小石に落下するが、その間に蒸発潜熱で冷やされ、下の石に落下した瞬間に再び氷となる。これが風穴内で頻繁に繰り返される。しかし、やがて氷が少なくなり、この風穴では7～10月に風穴気温は0℃以上である。

(3) ジャガラモガラ盆地風穴の特徴

大地獄の風穴は雨呼山の東斜面下端にあり、盆地の底は岩石や小石で覆われ、かなり植生があるが、一部が裸地状で、その石の間が風穴であり、夏季に冷気が吹き出す。

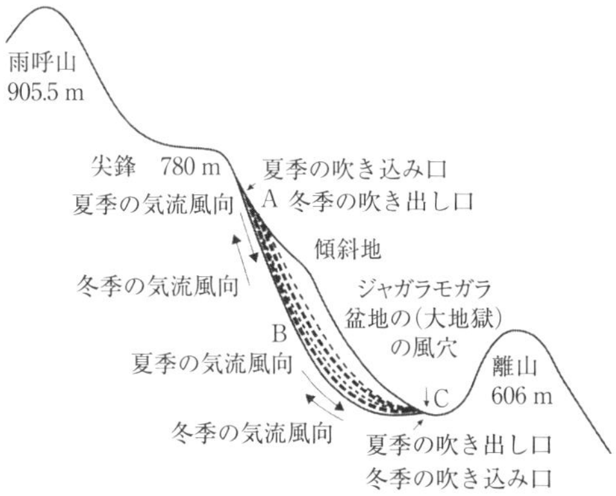

図 23-1　ジャガラモガラ盆地風穴の立体構造 [1]

図 23-2　幅約20 cmの代表的な大きい風穴 [1,3]

大きい風穴は 50 ～ 100 cm で、多くが 30 ～ 40 cm で約 30 個ある。風穴の地表面は長さ 10 ～ 30 cm、幅 5 ～ 10 cm の砕石に覆われ裸地であるが、周辺にはまばらに植生がある。風穴内部は同程度の砕石が重なっているが、その石間に通気可能な空隙（個々の風穴）があり、ここから夏季に冷気が、例えば夏季に上層で吸い込んだ 30 ℃の暖気は 2 ℃の冷気として吹き出す。逆に、冬季は盆地底の穴から吸い込み、夏の吸い込み口から暖気を吹き出す、その時に湯気が立つこともある。このため、近年でも冷蔵庫代わりに、スギの種子や絹のカイコの卵を保存していた。同様にカイコの種を保存していた群馬県の荒船風穴は、富岡製糸場と絹産業遺跡群として 2014 年 6 月 21 日 世界遺産に登録された。

大地獄の下方の下地獄には盆地の北側の急斜面の下端近くにのみ風穴があり、最大は直径 50 cm（**図 23-2**［1,3］、気温、湿度、風速を観測）、多くは 5 ～ 10 cm で約 50 個ある。深さ 30 m の盆地の中･上層部には 1 m 程度の大きい砕石に覆われ、間隙が多い。斜面上層部にはケヤキ、トチノキの高木が岩の隙間を縫って根を張っており、樹下の岩の上にはコケやシダが生えている。

（4）ジャガラモガラと天童市の気温

図 23-3［1,3］にこの風穴内の気温と外気温および天童市内の月平均気温の年変化を示した。図のように夏季 8 月の市内と風穴外の気温は 23 ℃、21 ℃、冬季1月は 0 ℃、－ 3 ℃程度であるのに対して、風穴内では 3 ～ 6 月は 0 ℃、8 月は 2 ℃、最高は 10 月の 5.3 ℃で、冬季の最低は－ 5.4 ℃であった。

詳しく見ると、盆地の半旬別の風穴気温・地温の年変化によると、風穴気温（**図 23-3**）は 1996 年 11 月には急降下して、11 月 20 日より－ 0.6 ℃の氷点下となり、12 月 17 日には－ 3.0 ℃、1 月 24 日には－ 5.4 ℃の最低気温を示した。1 月 15 日～ 2 月 14 日が最寒期で風穴気温は－ 5.0 ℃でほぼ一定であった。深い積雪にもかかわらず、盆地底部には弱い吸い込みがあり、雨呼山の砕石付近と崖壁下部で吹き出しがある。風穴気温は 5 月 26 日が 0.0 ℃発生の最終日である。6 月 28 日に 1 ℃を超えて上昇し、8 月下旬に 3 ℃、10 月中旬に 5 ℃であった。年最高は 5.3 ℃で、9 月 28 日～ 10 月 16 日に何回か発生し、以降は急激に低下した。

天童市の月平均気温とジャガラモガラの風穴外の気温は年間を通して高く、特に春・夏季の温度差は顕著で、20 ℃を越える期間もあり、特に春季から秋季には風穴気温がいかに低いかがわかる。

（5）風穴盆地の気温逆転と亜高山植物

大地獄の植生は、底部より 30 m までは高木がなく、矮小化した草本種とレンゲツツジの低灌木などの亜高山植物が盆地下層に、ミズナラ、コナラの樹木や高山植物でない草本植物が盆地上層に生えているように、植生の垂直分布が逆転している。さらに高地の 700 ～ 900 m にはブナ林がある。大地獄は盆地だが、底に水は全く溜まらず、535 m の低標高でありながら興味深いことに亜高山植物のベニバナチヤクソウ、ウシノケグサ、コキンバイ、ホソバノキリンソウ、レンゲツツジ、ヤナギラン、オミナエシ、クガイソウが生え、亜高山植物と山地・平地植物が加わるため植物の種類が豊富で、希少植物のムラサキや乾燥地に生えるウシノケグサ、ホタルカズラ、キバナノカワラマツバ、カワラナデシコの耐乾植物が生えている。矮小化した植物にキンミズヒキ、ハンゴンソウ、

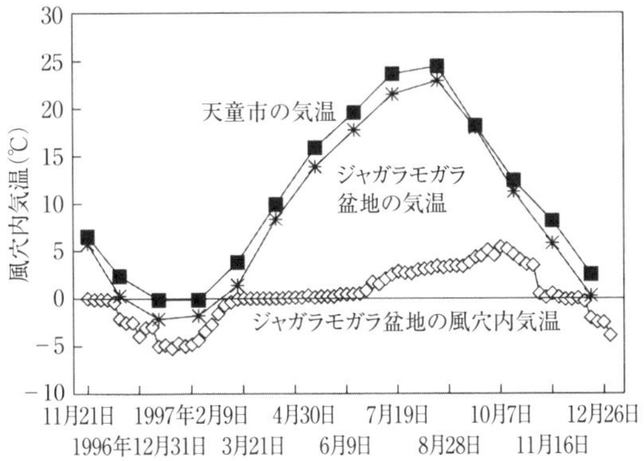

図 23-3 風穴と天童市の気温の年変化 [1,3]

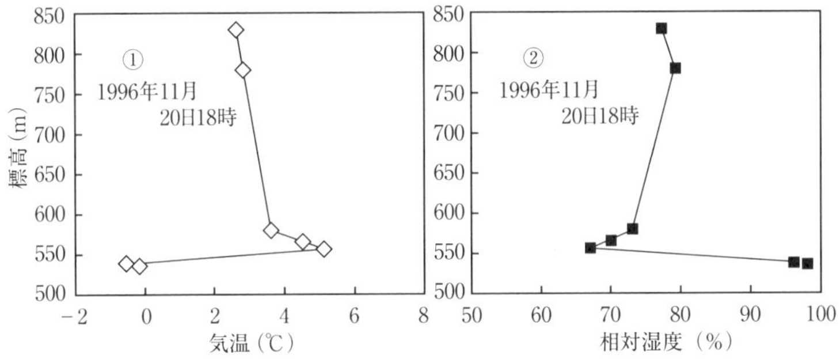

図 23-4 ジヤガラモガラ盆地内外の気温(①)と相対湿度(②)の垂直分布 [1,3]

ホタルブクロ、トモエソウ、クルマユリ、ツリガネニンジンなどがある。下地獄にはセツブンソウ、ニリンソウ、スギゴケなど大地獄にない植物もある。

盆地では、紅葉は盆地から山の上の方に、植物の出芽や開花は盆地の上の方(中腹)から盆地底に移動してくる。レンゲツツジの開花期、5月には山の中腹では花は終わっており、盆地近くになると満開、盆地に入ると蕾、盆地底近くでは蕾とは思われないほどの冬の芽･蕾であり、非常に印象深いツツジ開花の変化状況を鑑賞することができた。以上のように、この植生分布は高度的に逆転しており、植生の逆転と呼ばれる。また植物の季節的反応の逆転も興味深い。

さて、盆地の外縁は標高 560 m であり、それより低い所に冷気が溜まることになっている。すなわち、盆地の底から風穴の冷気が出るためであるが、この状況の観測例によると、地表面近くと 2 m 高の気温は、それぞれ 2.6 ℃と 3.7 ℃となり、気温逆転は

1m 当たり 0.5 ℃の気温逓減率となっている。また、相対湿度は 2 m で 12 %差となり、下層が湿っている。

図 23-4 [1,3]（A）は盆地の底（535 m）と雨呼山（905 m）の 830 m までの気温分布である。盆地底では－ 0.5 ℃、盆地の上端（560 m）で最高の 5.1 ℃、それより上は低下して 580 m で 3.5 ℃、830 m では 2.5 ℃程度となっている。すなわち、盆地内部では 5 ℃以上もの気温差が、僅か 25 m 差で発生している。なお、**図 23-4**（B）の相対湿度は盆地底では 98 %程度で飽和に近いが、盆地上端で 67 %程度の 30 %もの差となっている。

なお、夏季 8 月 1 日 1：00 の気温の垂直分布によると、盆地の下層では 11 ℃、上層では 22 ℃であり、11 ℃の気温差で、盆地の上層では 1m 当たり約 0.5 ℃の逓減率と極端な気温差となる一方、日中 12：00 では盆地底の方が日射で昇温して 30 ℃近くになるが、盆地上層では 27 ℃程度で差が小さくなっている。

以上、気温の逆転（下層が低温、上層が高温の状態）を中心に示した。

(6) ジャガラモガラ盆地付近での冷気流

次に、雨呼山およびその盆地内でも、標高差によって冷気流が吹くことを示す。風は 760 m 付近から吹き始め、盆地底や山の低地に風速 2 ～ 2.5 m/s の冷気流が吹くことが観測できた。この風は冷気流と呼ばれるが、相対的に高温の乾燥した風である。この風が盆地底に吹き下ろすと、基本的には暖かいが、盆地底で風が止まり溜まることになる。この気流があれば地表面温度よりも相対的に高い、暖かい風である。さて、停滞した気流の地表面では放射冷却が進む。一方、暖候期には冷気が風穴から出て来ることで、その空気と混合するが、低温のために重い冷気は一層、盆地底に溜まることになる。よって、盆地底は気温がほぼ年中低く、日中に日射があると地表面付近が短時間、高くなることがある程度である。

なお、山形県ではこの自然を学校教育の場としており、地理・気象・植物などの教育に有効利用している。今後とも貴重な天然記念物として保存して欲しいと思っている。愛媛県の皿ヶ嶺風穴では青色のヒマラヤノケシが栽培されて観光資源となっている。

最近、都市化や付近の開発等でどの風穴も自然が失われつつあり、例えばジャガラモガラでは、自然の植生が生え過ぎて風穴数が減少しており、また愛媛県の皿ヶ嶺風穴や秋田県の長走風穴、福島県の中山風穴では範囲が狭まっており、宮崎県の祖母山風穴では、土砂崩れで一部が詰まった所も見られる。自然の成り行きに人為的な影響も加わる変化で、残念なことと思っている。

(7) 風穴の気象と植生の特徴のまとめ

① ジャガラモガラの大地獄・下地獄などの盆地底部には風穴があり、5～10月の暖候期に冷気の吹き出し口（冷風穴）に、11月～4月の寒候期には冷気の吸い込み口に交代するという特徴的な風穴である。暖候期・寒候期の境界期の4～5月や10～11月には外気温と風穴の地温との温度差によって、気温が高い昼間には吹き出し口、低い夜間には吸い込み口に交代する。

② 暖候期の風穴内部には少なくとも6月頃まで氷があり、その氷や岩石の冷源による風穴内気流への接触伝導と氷の昇華・融解・蒸発による昇華熱・融解熱・蒸発潜熱による冷却のため、風穴気温は低下する。5月下旬まで0℃、7～8月に2～3℃（風穴内の相対湿度100％、風速1.5 m/s）、10月中旬に5.3℃、11月中下旬に－1℃、12月末に－4℃、1月下旬に最低－5.4℃であった。

③ 大地獄風穴は盆地底部にあり、夏季の吹き出し口は冬季の吸い込み口に変わる。一方、冬季の吹き出し口と夏季の吸い込み口は雨呼山の西斜面上部の崖下部と崩れ落ちた砕石地帯にある。下地獄盆地では冬季の吹き出し口と夏季の吸い込み口は大地獄の砕石地帯と下地獄上層域の砕石地帯であることを初めて解明した。

④ ジャガラモガラでは乾燥し相対的に高温の2.0～2.5 m/sの冷気流が吹き降りる。冷気流は雨呼山の上層760 m付近から吹き始め、斜面を流下して盆地内に流入し、放射冷却によって冷気湖を形成するとともに、一部の気流は盆地北部の盆地上端より流れ出す。

逆転層上端付近に形成される乾燥・高温の斜面温暖帯地は550～600 mにあり、最高温域は盆地上端の560～570 mに発生する。

⑤ 盆地の気温逆転は、晴天、弱風時には、寒候期はもとより、夏季の昼間にも相当の頻度で発生する。地面から2 m高度までの逆転強度は0.5℃/mで、盆地底部から標高560 mまでの逆転強度でも0.3℃/mで強い逆転が確認された。相対湿度の減率は各々1 m当たり6.3％、1.6％であった。盆地内では気温逆転の冷気湖による低温化と特徴的な盆地底部からの冷気放出という特殊な条件による低温化が加算されて一層強くなり、長期間冷却されるため植生分布が逆転して、盆地底部に高山植物、上層に一般植物が生えている。

⑥ 盆地底部には耐乾・耐寒性の矮小化した亜高山植物が、その上層にはコナラ、ミズナラなどが分布して、植生が顕著に逆転している。亜高山植物に山地植物や人里植物が加わり、植物の種類が豊かである。近年植生量が増加し、腐葉土の堆積や土壌流入により風穴が埋まり、個数が減少しているが、幾つかを人工的に

回復させている。

⑦　風穴では秋田県大館市の長走風穴が有名であるが、同様の植生分布がある。以前は蚕（かいこ）や杉の種を保存していたが冷蔵庫の普及で利用されなくなった。現在、地球温暖化の中では冷熱源やエネルギー利用を再検討する必要があると思われる。

風花、波の花

風花（かざはな(ばな)）は山の風下側で、雲がないのに雪が降る現象である。これは、特に冬季、冬型の気圧配置が強まり日本海側の新潟県などで雪を降らせるが、山地の越後山脈・三国山脈を越え、栃木県や群馬県側に達するときに、新潟県側で雪を降らすため、山越えした頃には雪雲がなくなり、雪のみが降る場合も多い、その雪のことを指す。すなわち晴天時にちらつく小雪を指し、また積もった雪から風で飛ばされて風下側で降る雪も指す。

波の花は、日本海側の海岸で、冬季に強風で海が荒れ、波が高く、寒さが厳しい時に、海中に浮遊する植物プランクトンの粘液が岩にぶつかることで空気を取り込んで白い泡になる。能登地方の風物詩とされ、曽々木海岸や能登の親不知（窓岩など流紋岩の海食断崖）が有名であるが、強風時の日本海側の岩場でよく見られる。泡が風で次々と飛んでくるのは印象的であるが、白い泡がやがて黄色くなるので汚れが懸念される。また、泡とともに塩が飛散するので塩害、停電を起こすこともある。

24　風レンズがつくる風力エネルギー

風力エネルギー（wind power energy）から風力発電として利用できる風車、その中でも特に風レンズについて述べる。また、それらの風車を有効利用する際の風力発電に関する風車の特性や具体的な風力発電の実施事例などについて述べる。

(1) 風力エネルギー

風力エネルギーが東日本大震災後、脚光を浴びている。特に、高性能の風力発電機では浮体式風レンズ風力発電（**図 24-1**）[3] および浮体式洋上風力発電 [4] が注目を集めている [2]。前者は九州大学の大屋教授の風レンズ（windlens）の発案による風車と経塚教授の浮体技術面との共同開発であり、後者は 3 枚羽の従来の風車による洋上での発電である。どちらも、2012 年に本格的な実用実験が推進されている。

日本では風力発電について政府が開発当初は一部補助を行っていたが、開発補助は非常に少なかった。その中でも 2004 年に北海道瀬棚に洋上風力発電 2 基を海岸から 700 m の瀬棚港内に建設し、また 2009 年に茨城県神栖市に洋上風力発電 7 基を沖合 40 ～ 50 m に建設し 2,000 kW を発電している。

浮体式洋上風力発電の方は、長崎県五島列島の椛島（かば）付近の洋上で実験している。椛島変電所から 2 km の海上で海面より 35 m の高さでの試験用運転のため、100 kW の出力であるが、2013 年には実証実験として 2,000 kW 用を導入し、2016 年には実用化する予定である。この風力発電のメリットは海上であるため、障害物が少なく強い風が期待でき、発電効率も陸上の 1.5 倍以上である。広い土地取得の問題が少なく、騒音被害や景観の問題も少ない。東日本大震災の後を受けて風力発電が見直されることは、再生可能エネルギーの有効利用として好ましいことである。

(2) 風レンズ

九州大学の大屋教授開発の風レンズは、筆者が九州大学在籍中（2000～2006 年）に、九州大学の農学研究院気象環境学研究室と応用力学研究所風工学研究室との 2 研究室で、年数回の研究発表会を行っていた初期の段階で、既に風レンズの研究が行われていたが、それが実用化したと思うと、研究者仲間として大変嬉しく思っている。

集風装置として**図 24-2** [3] の縮小型筒のノズル部（a）と拡大型筒のディフューザ部（b）を風の中に置くと、中心の風速はディフューザ部の入り口付近で増強する。筒の長さを長くすると入り口付近の風速は増強するが、短い筒で速い流れをつくることが実用的であるため、出口周辺に鍔（つば）をつけると、ディフューザ部の後方に渦が発生して筒内の気圧が低下し、そこに風が流れ込んでくるため、入り口付近の風速がさらに増加することを明らかにした。この工夫によって羽に当たる風速を増加させることで、風レンズ風車と呼んでいる。この方式だと従来型の風車より2.5倍の発電量が得られる（**図24-3**）[3]。また、風力発電の騒音の原因は、風車が回転する時の羽の先端に発生する翼端渦（乱気流）のためであるが、筒があるとその発生が抑制され、騒音が低下する特徴がある。

(3) 洋上風力発電の特徴

日本の排他的経済水域（200海里、448万 km^2）（領海は12海里）は世界で6位の面積があり、環境省によると風力発電賦存量は91（陸上14、洋上77）億kWあるとしている。①交流電力送信可能距離は30 kmまで、②発電コスト面から風速7.5 m/s以上、③浅い海域でしか利用できず水深200 m以内に限定、④発電密度は10 MW/km^2で、4～5本/km^2である。さらには、⑤風力発電の設備利用率は30％で、すなわち7割方が遊んでいることになる。このため、現在の費用では陸上風車の3倍の高額である。なお、洋上発電を含まない風力発電の価格は、現在23.1円/kWである。さらなる政府の援助が必要である。

上述の5条件で、日本風力発電協会が、日本の風力発電ポテンシャル（潜在力）を評価すると、陸上16.89万MW、洋上（着床式）9.38万MW、洋上（浮体式）51.95万MWである。原子力発電所の約300基分に相当し、ポテンシャルの大きさが理解できる。洋上風力発電には着床式と浮体式がある。水深20～30 m以下なら着床式が有利であり、陸上風車と同じく地面に突き刺す形式［着床式一本杭（モノポール）式］、水深20～60 mなら海底に支持構造として櫓（やぐら）を組んでその上に風車を設定する形式［着床式3本杭（ジャケット）式］、水深50～60 m以上なら浮体式の支持構造がコスト面で有利である[1,2]。

英国など欧州では着床式、日本では海が急激に深くなるため着床式の適地は少ないが、それでも風速が大きい条件を考慮すると、**図24-4**[4]のように、北海道、九州、関東近郊の茨城県沖などが適する。上述のとおり、茨城県神栖市では1基当たり2kWの着床式洋上風力発電が7基稼働している。東日本大震災で心配されたが、施設本体、風車や風速計もほとんど被害がなく、有効性が確認された。また現在、東京電力とNEDOが千葉県銚子沖で、同様の共同実験を行っている。

図 24-1　九州大学伊都キャンパス設置の風レンズ（九大広報、大屋、2011）

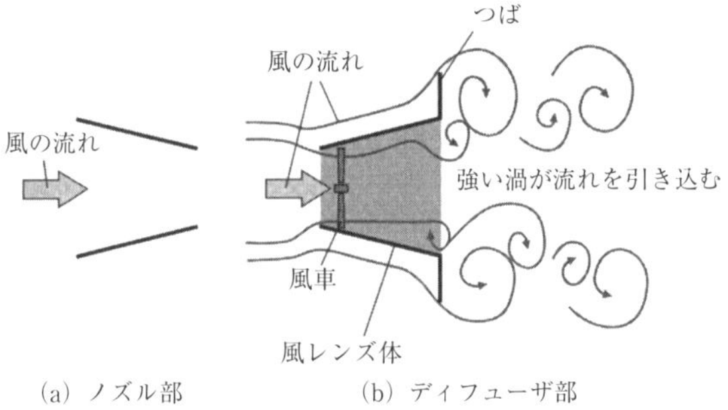

図 24-2　2つのタイプの集風装置とディフューザ部による風速増強メカニズム［3］

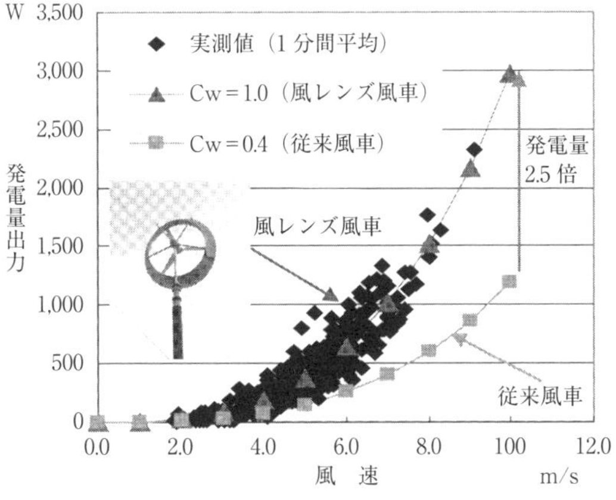

図 24-3　直径2.5 m ロータによる風レンズの出力係数 Cw の効率試験［3］

(4) 浮体式洋上風力発電装置

幾つかのタイプがあり、現在、世界では商用洋上風車は1,000基程度稼働している。

① TLP型(Tension leg platform)　浮体には余剰浮力を持たせ、海底の杭に繋ぐ係留方式であるため、浮力があることで揺れが少ない。イタリアでの80 kW小型風車での実証試験結果がある。

② スパー(円筒)型　細長い浮体を縦に浮かせ、錨(いかり)などで緩く海底に繋ぎ、その上に風車を載せる方式で、ノルウェーで2.3 MW大型風車での実用的実施事例がある。日本では長崎県椛島沖で100 kW小型風車での実証試験を行っている。2016年に2 MW大型風車の計画がある。なお、五島列島では電気自動車の普及がかなり進んでおり、今後が期待される。

③ セミサブ(半潜水)型　浮体の下半分が水面下に沈めることで浮力を確保する方式である。これも錨で緩く海底に繋ぎ、円柱(カラム)状の浮力体の上に風車を載せる方式である。経済産業省は福島県沖で浮体式の実証試験を計画中で、将来は100基程度を想定している。これは東日本大震災の復興予算(125億円)でスパー型、3カラム・セミサブ型、4カラム・セミサブ型の3基建設が予定されている。

④ セイリング(非係留)型　係留型ではないタイプである。風車を複数台載せた巨大な浮体は風向に対して直角になる方向に自由に航行するタイプである。国立環境研究所が推進するタイプであるが、送電線が利用できないので、海水を電気分解して水素を輸送する方法などが検討されている段階である。

(5) 博多湾プロジェクト

風レンズ風車を基礎に浮体に載せて博多湾で、2011年12月より実験を開始している(**図24-5**)[2,3]。浮体はセミサブ型で、形状は連結しやすい六角形で、浮体の内側は中抜きにして養殖用生け簀(す)とし、浮体を連結して大型風力発電ファームとする。同時に太陽光発電シルテムも導入して実施されている。環境省の委託事業で風レンズ風車開発を中心に成り立っている。六角型浮体直径18 mで、出力3 kW風レンズ2基(風車直径3.4 m、台風時の可倒式支柱)、出力1、0.5 kW太陽光発電パネル2台を設定している。現在は3 kW、2基であるが、1～5 MWの大型風車を開発予定である。

さて、1990年にスウェーデンでの220 kWの洋上風力発電が世界初とされている。2000年にはデンマークでは2kmの洋上で世界初の商業用洋上風力発電を開始し、2002年には2,000 kWの風車80基で大規模化している。英国では2020年までに3,300万kWを計画中であると聞く。また、欧州全体では4,000万kWを予測しており、欧州全体の電力需要の3.6 %を賄う計画である。その他、ノルウェー、イタリア、ポルトガルで実施例がある。

日本では遅れてしまっている技術開発を今後、急速に進めれば、再生可能エネルギーとして技術輸出も期待できる可能性がある。

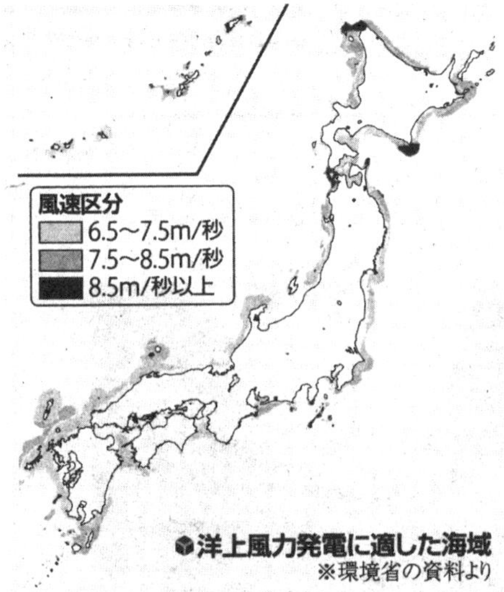

図 24-4　環境省資料による洋上風力発電に適した海域 [4]

図 24-5　博多湾内の六角形浮体(直径 18 m)上に設置された風レンズと太陽光パネル [2,3]

25　風がつくる水と氷の雲

雲とは大気中にある水蒸気が凝結・昇華して1～100ミクロンの微細な水滴や氷晶（氷の結晶）に変わり空中に浮いている状態や現象を指す。氷（氷や雪の結晶、氷晶）でできた雲を氷晶雲（ice cloud）、水（水滴や霧）でできた雲を水雲（water cloud）と呼ぶ（読み方に注意）。なお、氷晶や氷からできた雲から降る雨を冷たい雨、氷晶や氷を経験しないで降る雨を暖かい雨と呼ぶ。これらは、なんと専門用語である。ここでは、風による雲の発生と雲の区分について述べる。

（1）雲の発生と上昇気流

雲の発生には空気中の水蒸気が冷却されて飽和状態になっていることと、多くは氷晶中に核がある必要がある。ただし、非常な低温下では核がなくても氷晶ができる。空気中には核となる物質（塵埃、煙、黄砂、大気汚染物質、火山灰、海塩核など）は多く、種々の固体・液体の微粒子が浮遊し、雲の生成・変化に影響している。雲の形体は固体・液体の差、気温、太陽光の当たり方、風系などの複雑な環境が関係するため多岐にわたる。

大気が冷却し飽和に達する主要な原因は、上昇気流、すなわち鉛直・上方向に吹く風である。上昇気流によって地表付近の空気塊（ある範囲の空気の塊）が上空に上昇するとそこは気圧が低いため空気は膨張し冷やされる、これが断熱冷却である。その際、空気中に含まれている水蒸気が上昇すると気温が下がり湿度が増加して、ある高さで飽和状態になる。

空気が上昇する場合、湿度が低く乾燥している場合、100 m 上昇すると約1℃気温が低下する。この現象を乾燥断熱減率（1.0 ℃ /100 m）と呼び、1,000 m の山登りや高原に行くと 10 ℃気温が低くなることを意味する。

一方、雲ができ始める時に、水蒸気が飽和に達した空気中では 100 m 当たり 0.5 ℃低下する。これを湿潤断熱減率（0.5 ℃ /100 m）と呼ぶ。曇っていて多湿であったり、雨が降っていたりすると 1,000 m の山では 5 ℃気温が低くなる。

ただし、より上空では 0.6 ～ 0.7 ℃ /100 m 程度に変化する。

（2）風による雲の発生

雲の発生は一般的に前線、低気圧、対流不安定に起因する上昇気流（風）に伴う断

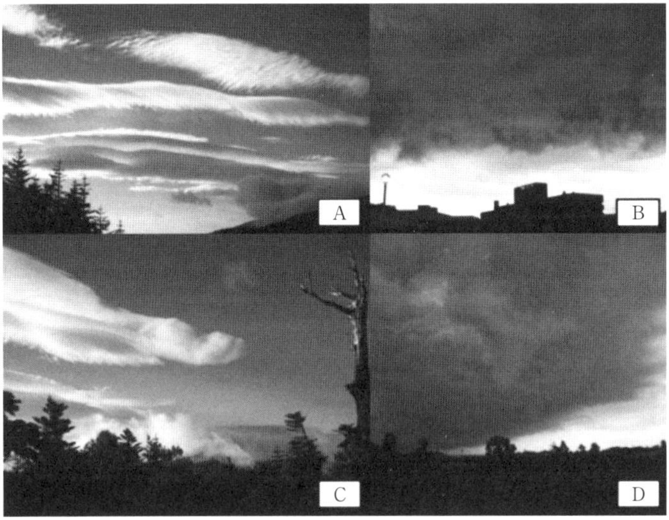

図 25-1　塩見岳付近で 3,000 m 級の高山にできた山岳波雲のつるし雲（レンズ雲を含む）（A）、2 ～ 3 層のレンズ雲（2013 年 8 月 22 日）（C）、強雨直前の不気味な雲行きの積乱雲下の乱層雲（9 月 1 日、国際農研）（B、D）

熱冷却により発生することが多い。その上昇気流・風は次のような条件下で発生する。

① 対流による上昇風　日射による加熱で暖まった地表面からの空気塊の上昇、水蒸気の凝結で出る潜熱による加熱上昇、上空への寒冷空気流入による大気不安定化による上昇などで発生し、雲ができる。

② 前線による上昇風　寒冷前線付近では暖気の下に寒気が潜り込み、暖気の急上昇時に発生し、雲（鉛直方向に発達する積雲・積乱雲、**図 25-1**）ができる。温暖前線の不連続面での暖気の上昇で発生し、雲（水平方向に発達する層状雲）ができる。

③ 山地による上昇風　山地の斜面での強制上昇により、空気中の水蒸気量、安定度によって層状、塊状の雲ができる。

④ 地形性の波動や渦による上昇風　山の尾根筋の上層に山地の標高の何倍もの上空まで山岳波が発生し、波の山の所に雲（山岳波雲：つるし雲、レンズ雲。**図 25-1**）ができ、何列も並ぶ波状雲（ヘルムホルツ波）となる。

⑤ 空気の収束による上昇風　台風、低気圧などの場合で、種々の雲ができる。

⑥ 気流の乱れによる上昇風　上層に雲があって強風が吹いている時に、下層で気流が乱れ上下運動が起こるため、凝結高度以上で雲ができる。

⑦　その他の上昇風　　火山噴火、大火災、原水爆実験等による上昇風で雲ができる。

なお、上昇風がなくても次のような条件下では雲が発生することがある。

i　放射冷却　　夜間に地表面が冷却して雲ができる。地面付近では霧となる。

ii　寒暖空気の混合　　寒暖の気塊の衝突で冷却して雲ができる。

さて、対流圏の上層では相対湿度が比較的高いために僅かな空気の上下運動によって上層雲（巻雲、巻積雲、巻層雲）ができる。

a　上層雲（巻雲、巻積雲、巻層雲）　　日本上空では偏西風域であるため、雲は西から東に流れる。刷毛で掃いたような形体の巻雲は、成長した氷晶が高さによって風向・風速が僅かに変化する偏西風の中を落下する時にできる。

b　中層雲（高積雲、高層雲、乱層雲）　　前線面に沿って広範囲の空気がゆっくり上昇する時にできる。

c　下層雲（層積雲、層雲、積雲、積乱雲）　　山に風が当たると強制的に上昇し、山頂を越え風下斜面を吹き降りる場合には山岳波（風下波）ができる。山頂には笠雲、風下にはつるし雲ができる。強風時には気流は山頂で剝離して風下側に逆向きの風が吹き、山旗雲ができる。

大部分の雲は対流圏に出現し、その出現高度は主に地上から15 km程度までである。上層雲は5～13 km、中層雲は2～7 km、下層雲は2 kmまでに多く出現する。発生高度は赤道地域で18 km、温帯地域で13 km、両極地域では8 km程度までである。また温帯地域では夏期は高く、冬季は低い。なお、極地域では高度20～30 kmには真珠（母）雲、75～90 kmには夜光雲が出現する。

(3) 雲が起こす風

積乱雲が発生して発達し、降雨があると、ひんやりした涼風が吹く。これは積乱雲による下降気流によって起こる風である。積乱雲内部では水蒸気の凝結によって600 cal/gの凝結熱（潜熱）が発生し、周辺空気を加熱する。これが雲の内部の空気を軽くして上昇気流が発生することで、ますます下層から水蒸気が集まる。そして凝結した水蒸気は一層成長して氷晶になり、やがて雨粒になって落下する。

落下中に雨粒が乾いた空気層を通過する時に雨粒が蒸発して周辺空気を冷やす。冷やされた空気は重くなって地面に吹き下りることになる。これをダウンバーストと呼び、強風害を起こす、その移動先端をガストフロントと呼ぶ。沙漠では乾燥した砂を巻き上げ、大規模な砂嵐、ダストストームを発生させることがある。なおまた、積乱雲に伴って竜

表 25-1　雲の分類(10種)と雲形の名称

上中下層雲	類	種	変種	＊部分的に特徴ある雲 ＊＊付随的に現れる雲
上層雲	巻雲 Cirrus (Ci)	毛状雲 かぎ状雲 濃密雲 塔状雲 房状雲	もつれ雲 放射状雲 肋骨雲 二重雲	乳房雲＊
	巻積雲 Cirrocumulus (Cc)	層状雲 レンズ雲 塔状雲 房状雲	波状雲 蜂の巣状雲	尾流雲＊ 乳房雲＊
	巻層雲 Cirrostratus (Cs)	毛状雲 霧状雲	二重雲 波状雲	
中層雲	高積雲 Altocumulus (Ac)	層状雲 レンズ雲 塔状雲 房状雲	半透明雲 すき間雲 不透明雲 二重雲 波状雲 放射状雲 蜂の巣状雲	尾流雲＊ 乳房雲＊
	高層雲 Altostratus (As)		半透明雲 不透明雲 二重雲 波状雲 放射状雲	尾流雲＊ 降水雲＊ ちぎれ雲＊＊ 乳房雲＊
	乱層雲 Nimbostratus (Ns)			降水雲＊ 尾流雲＊ ちぎれ雲＊＊
下層雲	層積雲 Stratocumulus (Sc)	層状雲 レンズ雲 塔状雲	半透明雲 すき間雲 不透明雲 二重雲 波状雲 放射状雲 蜂の巣状雲	乳房雲＊ 尾流雲＊ 降水雲＊
	層雲 Stratus (St)	霧状雲 断片雲	不透明雲 半透明雲 波状雲	降水雲＊
	積雲 Cumulus (Cu)	扁平雲 並雲 雄大雲 断片雲	放射状雲	ずきん雲＊＊ ベール雲＊＊ 尾流雲＊ 降水雲＊ アーチ雲＊ ちぎれ雲＊＊ 漏斗雲＊
	積乱雲 Cumulonimbus (Cb)	無毛雲 多毛雲		降水雲＊ 尾流雲＊ ちぎれ雲＊＊ かなとこ雲＊ 乳房雲＊ ずきん雲＊＊ ベール雲＊＊ アーチ雲＊ 漏斗雲＊

備考
上層雲：極地方：3～8 km、温帯地方：5～13 km、熱帯地方：6～18 km
中層雲：極地方：2～4 km、温帯地方：2～7 km、熱帯地方：2～8 km
下層雲：地表付近～2 km
高層雲：普通、中層に見られるが上層まで広がっていることが多い
乱層雲：普通、中層に見られるが上層および下層に広がっていることが多い
積雲・積乱雲：雲底は普通、下層にあるが雲頂は中・上層まで達していることが多い

巻（別項 21）を発生させることがあるが、これも雲が起こす風である[2]。

最近、地球温暖化で地表面付近の気温が上昇する一方、成層圏の気温が低下しているため、気温差が増大して積乱雲に伴う竜巻、雷、雹、強雨の激化など極端気象が発生しやすくなっている。これは別項 21 でも記述した。

(4) 雲の分類・10 種雲形

雲は形や発生高度など変化が大きいが、ある程度規則的に分類することができる。雲は通常 10 の類と種・変種に分類できる。国際雲級帳、10 種雲形として利用されている（**表 25-1**）。

なお、気象衛星画像から台風、豪雨時などに特有の雲の発現を観測できるため、気象現象の検出、規模、発達程度の推定に利用でき、また雲の動きから風向・風速が推定できる。

なお、気象科学事典（日本気象学会）[3]、気候学・気象学辞典[4] を引用・参照した。

やませ（風）

やませは北日本の太平洋側で吹く局地風である。特に、冷害の元凶とされる風はオホーツク海高気圧が発達する時に東～南東の風が太平洋側から吹き寄せる。この風は低温で、かつ多湿であるため、下層の接地面近くでは霧または小雨を伴うことが多い。このため海岸付近では日射が遮られ、低温であるため、作物、特に稲の冷害が問題となる。1993 年の冷害は平成の大凶作とも呼ばれるほどの被害を与えた。それ以前の 1983、1988 年、1998、2003 年と 5 年毎で発生したが、次は 1 年ずれて 2009 年に発生した。そしてその 5 年後の 2014 年はエルニーニョの発生とも関連して冷害が懸念されていた。なお、冷害は地球温暖化しても発生する。

26　砂が渦巻く風塵・つむじ風と地吹雪

風の渦巻きによる砂粒の舞い上がりについては、細かい区分がある。砂塵嵐・砂嵐・塵旋風・砂旋風・つむじ風・風塵（dust storm, sandstorm, dust whirl, sand while, whirl wind, blowing sand）の用語とそれらの意味の違いを、主に気候学・気象学辞典 [4,7]、気象科学事典 [5]、風の事典 [2,3,6] を参考に解説する。

（1）風による砂粒子の舞い上がり

① 砂塵嵐（dust storm, sand storm）　強風のために砂や塵が、空中高く激しく吹き上げられる現象を指す。砂塵嵐と砂嵐（砂暴風）との違いは、細かな砂や塵の補給源が砂嵐は主に沙漠地帯であるのに対して、砂塵嵐では普通乾燥した耕地である点である（**図 26-1**）[3]。砂塵嵐は幅 10 km 程度、高さ 150 m 程度の砂塵の壁が突然襲って来るようになり、壁の前面でよく塵旋風が発生し、砂塵の壁の本体と合体したり離れたりするという。砂塵嵐の前面は高温で乾燥し風が弱い特徴がある。

② 砂嵐（sandstorm）（砂暴風）　0.08 ～ 1 mm の砂を含んだ強風が吹き荒れる現象を指す。砂暴風とも呼ぶ。砂塵嵐とは対照的に、砂粒の浮遊高度は地上高で 3 m 程度が多く、稀に 15 m に達することもある。砂嵐現象は飛び飛びに起こり、均一砂粒の砂地や砂丘地で発生する。強い突風や日射による地表面の昇温が原因し、サハラ沙漠北部では冬季に寒冷前線の南下で激しい砂嵐が発生することが多い。

③ 塵旋風（じんせんぷう）[4]（dust whirl, sand whirl, dust-devil）（**図 26-2**）　砂や塵が柱状に旋回しながら舞い上がる現象を指す。日射によって地面に接する気層の温度が著しく上昇した時に接地気層の成層不安定となって発生する。日本では渦は数 m から数十 m で、ほぼ垂直に伸びる。塵旋風の一種で、中国の沙漠域の砂旋風の中にはもっと高く、100 m 以上にまで発達することもある。

④ 砂旋風（sand whirl）（砂塵旋風）（**図 26-3**）　沙漠地帯に発生する大規模な塵旋風を指す。沙漠では日射によって地表面温度が非常に上昇し、接地気層が超不安定状態になるため、塵旋風が発生しやすく、かつ非常に発達する。この非常に強い塵旋風を砂旋風と呼ぶ。沙漠では晴天日が多く乾燥しているので砂旋風は頻繁に発生する。地面から高さ数百 m まで立ち上がることもあり、また広い沙漠の

見える範囲内で数個の同時発生も珍しくない。

⑤　つむじ風 [5,6](whirl wind)　　柱状になった空気が旋回する小規模な現象を指す。障害物が関与することが多く、建物や地形に風が当たった時に、それらの影響で風下側に発生する小規模な渦で、寿命は短く、風害を発生させることは少ない。なお、筆者は中国・トルファン（タクラマカン沙漠東部）の沙漠で自分が障害物となって風のシア（歪み・乱れ）を発生させ、つむじ風自体を発生させた経験がある。その時はゴーという鈍く弱い音をたてながら、風下方向に１分程度移動して行く状景を眺め見取れていたことを思い出した。

ところで、塵旋風・砂塵旋風を一般的にはつむじ風と呼ぶことが多く、気象学で定義している上述の構造物などによる小さい渦のみに使うことはむしろ少なく語源から考えてやや無理があるように考えられる。すなわち、つむじ風はかなり広い意味で使うことが多いと推測される。とはいえ、気象学の学問（学術専門用語）上では区別している。

⑥　風塵（drifting, blowing sand ／ dust）　　砂や塵が風で地表面から吹き上げられる現象を指す。その吹き上げられる高さが、目の高さで水平視程が妨げられない現象を低い風塵（drifting sand ／ dust）、高く吹き上げられて水平視程が非常に悪い現象を高い風塵（blowing sand ／ dust）（**図 26-3**）と呼ぶ。

以上のように、かなり細かい、微妙な区分があるため、注意を要するとはいえ、これら区分について、実際、一般的には厳密な区分はしにくいことがあるかも知れない。なお、高い・低い風塵は、地吹雪では高い・低い地吹雪と共通することがあるため、以下で解説する。

(2) 吹雪と地吹雪

①　吹雪（snow storm）　　強い風に降雪を伴い視程が悪くなる現象である。一度、地面や雪面に積もった雪が舞い上がることも多い。気温があまり低くないぼたん雪やベタ雪の場合には起こらないが、気温が低く氷点下のさらさらした雪の場合には、地面・雪面に降った雪が強風で再び舞い上がる現象 (地吹雪) を起こし、視程が一層悪くなる。

②　地吹雪 [1](drifting snow, blowing snow)　　一度、地表面や雪面に積もった雪粒子が風によって吹き上げられ、雪面近くを跳躍・浮遊しながら移動する現象を指す。降雪だけの場合は単に吹雪、降雪を伴わない地面・雪面からの舞い上がりだけの場合を地吹雪として区別している。しかし、強風で高い地吹雪の場合には

図 26-1　農耕地における砂塵嵐（風食・飛砂）の状況（つくば市）

図 26-2　中国の高山・乾燥地域で発生した2個の塵旋風

図 26-3　中国・トルファンで激しい砂旋風や高い風塵に遭遇しカメラが埃で破損

降雪があるかどう分からなくなることが多い。

WMO（世界気象機関）の観測基準（日本の地上気象観測法）では、雪の舞い上がりが低く、視程に影響を与えない場合を低い地吹雪（drifting snow）、水平視程に影響を与える高さまで舞い上がる場合を高い地吹雪（blowing snow）と分類している。これらの現象は砂の舞い上がりと類似した現象を示す。

南極では 10 m の高さの風速が 8 〜 9 m/s を超えると飛雪が目の高さを越えるようになり、水平視程が悪くなる。雪が舞い上がるかどうかは風速以外に積雪表面や雪質の状況に影響される。地吹雪の発生は、例えば低温の弱風下で一度積もった雪がその後の風で飛ぶ場合には、高さ 1 m の風速で 2 m/s からであるが、雪面の雪が落ち着いた雪面からでは地上 1 m の風速が 5 m/s、地上 10 m の風速が 7 〜 8 m/s からである。なお、雪の質にもよるが、雪の表面に風紋があると凹凸があるため風速の強弱ができ、風の乱れが発生しやすくなることで、地吹雪が発生しやすくなる。地吹雪量は風速の 4 乗に比例し気温が低いほど多くなる。

風枕

風枕とは湿った山越え気流が山の風上から山頂付近までに雲を発生させ、笠状の雲(笠雲)を発生させる。山頂付近に掛かった笠雲は、風下側から見ると枕のように見えることから付いた名称であり、けた雲と呼ぶ地方もある。颪風など局地風に伴って吹くため、風下側では風枕を強風の前兆としている。

27　地吹雪による雪の風紋と吹きだまり

積雪がある所で、低温でかつ強風になると地吹雪が発生する。高い地吹雪（blowing snow）は目の高さを越えて水平視程が悪化する場合、低い地吹雪（drifting snow）は視程が減じない場合である[1,7]。この地吹雪と雪面の風食によって雪に風紋（wind ripples）が形成される。**図 27-1** [5,6] に雪面上の雪の風紋の写真を示す。また、風が弱く低い場所あるいは雪が付着する場所には雪の吹きだまり（snowdrift）[4] が発生する。

(1) ブリザードと雪の風紋と吹きだまり

ブリザードは暴風雪、雪嵐と訳され、猛吹雪を伴う低温と強風の激しい気象現象である。元々はアメリカで北西の低温の強風に使われていたが、現在では一般用語化している。南極の昭和基地では低気圧に伴う暴風雪が起こり、低温と強風の現象をブリザードと呼んでいる。なお、昭和基地では北西から近づく低気圧に伴う強風時には気温が上昇し、冬季では 1 m/s 当たり 1 ℃も上昇する。

南極大陸上には年間を通して極高気圧があり、高度 1,000 m 以下の低い気層では東風が卓越し、3,000 m 以上の高い気層では逆に低気圧性循環の西風が卓越している。

図 27-1　サスツルギと雪の風紋 [5,6]。海氷上の雪紋（塩分が関与）（左上）、氷山と右前にあるバルハン型の雪丘（左下）、大きい風紋・雪紋（右上、右下）

そこに太平洋・大西洋・インド洋で発達した低気圧が進行するが、南極大陸の周辺部ではほとんどの低気圧は消滅することになる。大陸内に進入する例は時にあるが、大陸奥地まで進入することはない。南極大陸付近の低気圧の進行方向は時計回りの北から南東〜南方向に湾曲しながら、大陸に侵入する経路をとる。大部分の低気圧は大陸周辺で消滅するため、大陸周辺一帯を低気圧の墓場と呼んである。このため、その地域は気圧が低く、強風による熱（温帯からの高温気流）や降水（降雪）をもたらすことになる。大陸周辺では年降水量が 500 mm と多い地点もあるが、内陸部では非常に少なく大部分の地域が年間 100 mm 以下である。温帯地方であれば当然沙漠になっているが、低温であるため雪氷が残り、数万年で 3,000 〜 4,000 m の氷の厚さになっている。

南極では日射が少ないため太陽熱は少なく低温であり、極地への熱の輸送は北の海域からとなる。北極では大陸がなく、海流による熱の輸送が大きい役割を果たすが、南極は大陸であるため、海洋の熱輸送は大陸周辺までであり、大陸内には大気による熱の輸送だけになることで、輸送熱量が少なく、南極は北極よりはるかに低温となる。最低気温は南極ボストーク基地（南緯 78°28′）では－ 89.2 ℃（世界最低気温）であるのに対して、ノルウエー北方の北極海に浮かぶスピッツベルゲン島のニーオルスン基地（北緯 79°）では－ 42.2 ℃である。ちなみに昭和基地（南緯 69°00′）では－ 45.3 ℃、南極ドーム富士（南緯 77° 19′）では－ 79.7 ℃である。緯度、標高が異なり、直接は比較できないが、南極は平均的には約 20 ℃低いとされている。

（2）視程と風速

地吹雪があると水平視程が妨げられる。かなり高い地吹雪でも上空は晴れており、垂直視程はあまり妨げられない。もっとも、曇天の場合には上空は雲で覆われているため、あるいは降雪を伴っている場合には空と地面の区別がつかなくなり、自分がどこに居るのかわからなくなる、いわゆるホワイトオウト状態（想像上、牛乳の中に居るかのような状況）になることがある。したがって、自分の足下がわからず、歩き始める時、最初の一歩、次の一歩がどこで雪面に着くのか不安を感じたが、このような時に方角を失い遭難する恐れがある。以前に亡くなった福島隊員は多分そうであったかなと思ったりしている。

風が強くなれば視程は悪くなる。高さ 10 m の風速に対する地上 1.5 m の高さでの視程（物が確認できる最大距離）と風速との関係は、**図 27-2**（A）[3,5] のとおりである。風速 10 m/s で 1,000 m、15 m/s で 200 m、20 m/s で 40 m、30 m/s で 5 m となる。次に視程と光の透過率との関係は**図 27-2**（B）[2] のように同様なカーブを示し、透過率

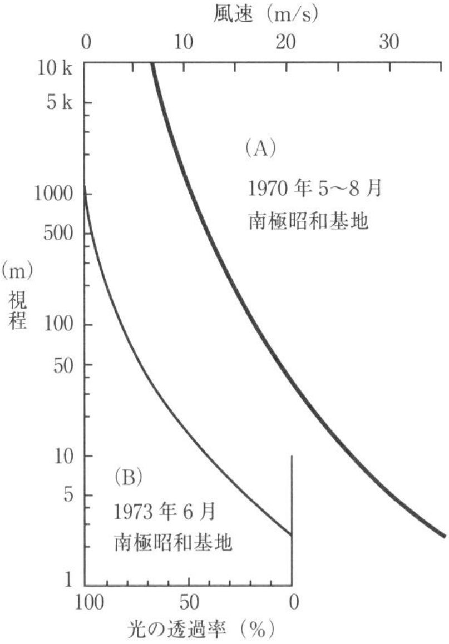

図 27-2　南極における風速と視程（A）[3,5]、光透過率と視程（B）[2]

70 %で視程 40 m、風速 20 m に相当し、透過率 20 %では視程 5 m、風速 30 m/s に相当している。

以上は南極の低温条件下での観測結果であり、積雪の状態や気温によって視程も変わる。例えば新雪で風の吹き始めでは、弱風でも視程が非常に悪くなるが、逆に積雪面が凍結している場合には、たとえ 20 m/s になっても視程は落ちないなどである。

（3）雪の風紋と風

砂の上にできる風紋・砂紋に対して、雪の上にできる紋様が、雪の風紋（snow ripples）、ロシア語でサスツルギ、ノルウェー語でスカブラと呼ばれる。雪の風紋は雪風紋、雪紋と呼べるであろうか。砂の風紋では小さいものが典型的で、時には大きいものも見られるが、雪の場合には小さい風紋よりも、むしろより大きい風紋が目立つ。また、強風で侵食された雪面の凹凸も含めて雪紋と呼んでいる。

サスツルギは、積雪面から地吹雪として強風で雪粒子が削られ、飛び出した雪粒子は弱風域に付着・堆積する。写真をよく見ると、地層のように積もった雪が削られていることがわかる。風向や風速の変化や風の乱れ、渦の大きさによって削られ方が変わり、形体が変わってくる（**図 27-1** の右上・右下）。このサスツルギの発達の向きから風向がわかることで「風の足跡」と表現できる。

筆者は第 11 次南極観測隊員（1969 ～ 71）であった時、種々の形態の紋様、凹凸を見て感動したが、砂や土の風食地形と類似している。南極で飛雪および雪面上にできる雪の風紋の研究を行い、風速、地表面などの変化による風紋の形体について区分した。また、砂丘と非常に類似した形体のバルハン形、横列・縦列形等々を調査した。

日本での雪を考えると、雪がしんしんと降る時には、新しい柔らかい雪がふわりと積もり、時間が経つと収縮して、かなり沈み、風があると雪が飛ばされたり、削られたりして、風下の風の弱い窪地に吹きだまりができる。西日本の雪はベトベトして湿気が多いため、雪紋はできにくいが、高山や北日本の厳寒期の雪はさらっとして乾燥しており、雪紋ができやすい。特に、既に積もっている雪面にできる紋様がここでの対象となる。

砂の風紋では砂が個体粒子、粉体としての特徴により風によって形成される。砂の場合には砂粒子は粘性がほとんどないため、粘着を考慮することはあまりないが、土や塩類との関係で固着していたりすると、かなり雪の場合に類似してくる。

雪の場合には、気温と湿度が大きく関与する。また、積雪が前日などで雪質が固着していない場合と、既に固着し堅い雪になっていたり、氷に変質していたりする場合とでは、当然、自ずとそれらの表面にできる雪の紋様が変わってくる。

図 27-1 の左上は、南極の低温下で海氷となり、固結した表面にできた紋様である。風と海氷の塩分や氷表面での雪・霜・氷の成長と昇華および風食が複雑に関与した結果である。

図 27-1 の右上・右下は、強風によって比較的柔らかい雪質で、堅く固着していない場合に形成された紋様であるが、侵食の特徴が大きく出た結果である。風速 20 m/s 程度の強風が吹き続けると、このような形態になる。南極では高さの差が 1 m 以上にもなり、雪上車や雪車（ソリ）が走行するには非常に難儀する高さに発達することもある。

また、南極ではバルハン（馬蹄）型砂丘と類似した形態の雪丘ができることもある（**図 27-1** の左下）。もちろんその他、非常に多くの形の雪形は、砂丘のそれとほとんど変わらない。筆者は南極でこれら風紋、雪丘の調査をして多くの写真を撮ったが、この形態を見て、次は砂丘、沙漠での研究を思い浮かべた。その後の研究の場として中国のタクラマカン、トルファンなど沙漠での研究への契機となった。風紋の形態は芸術的・印象的であり、自然の偉大さ・美しさを知った。凹凸の雪丘は、日本では高山の一部で、特に強風の吹く尾根筋などで形成されることが多い。登山家やスキーヤーは高山で見かけるであろう。

(4) 風と吹きだまり(ドリフト)

南極昭和基地において簡単な物体による雪の吹きだまり(ドリフト)の堆雪状況を調査した。

① 平板の場合　90 cm 四方のベニヤ板を 90 cm 間隔で地面に立てた一一型のドリフトの状態 [**図 27-3**(A)] [4,5] は、ブリザード直後の例で、風向が少し左にずれたため僅かにいびつであるが、無着雪域と最高の 40 cm 積雪域とでは 40 cm の差がある。低温と乾燥のため強風域は全く着雪しなかった。なお、国内では低温

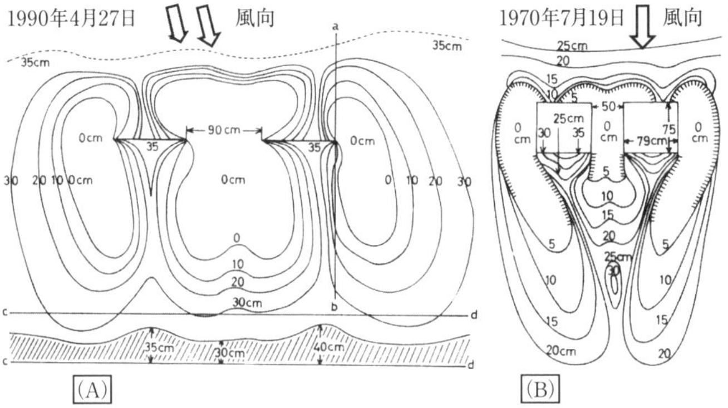

図 27-3　南極における平板(A)と直方体(B)による雪の吹きだまり状況 [4,5]

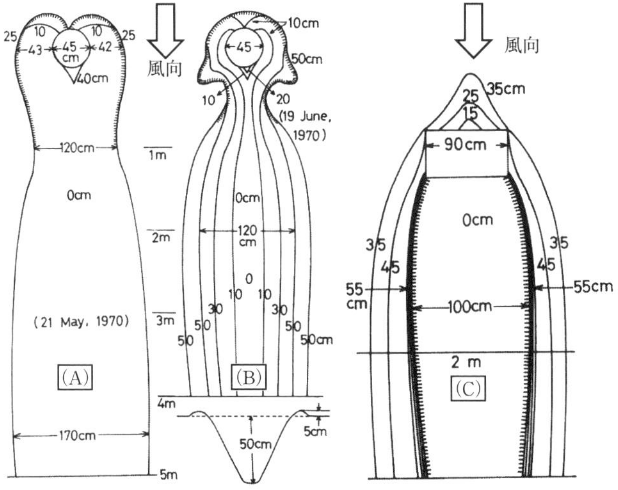

図 27-4　南極における円柱による雪の吹きだまり状況 [4,5]

の金属に指で触れると付着することがあるが、南極では素手で触れても乾燥のため付着しない。もちろん長く触れていると白く凍り凍傷を起こす危険がある。

ハの字型に並べると全体的に雪の付着が少なく，高い所は 20 cm で、風上側に付着した。風下側 2 m までは 11 cm であった。またハの字の内側は無着雪域が広く、左右の腎臓型の無着雪域も広かった。逆ハの字型では中央部と腎臓型の領域は狭くなり、風上側の吹きだまりは 55 cm と非常に多く、しかも無着雪部分との境界がシャープで絶壁状になった。したがって、ハ型、一一型、逆ハ型の風上側の着雪は 15，35，55 cm と 20 cm の差であり、風下側もほぼ同様であった。

② 直方体の場合　　縦横高さが 75 × 79 × 45 cm の直方体を 50 cm の間隔においた場合 [**図 27-3** (B)] [4,5] は、平板の場合と変わる点は風下側の中央部で 10 cm の凹と 30 cm の凸が出ている点である。風下方向への距離が関与しており、高さ 20 ～ 30 倍の距離まで影響が及んでいる。この距離は防風林・防風壁の影響範囲と一致するものである。

③ 円柱の場合　　直径 45 cm、高さ 90 cm のドラム管を立てた、寝かせた場合には、**図 27-4** [4,5]（A）、(C) は 1 回、(B) は 1 ヶ月間内の数回のブリザードでの堆雪の状況である。立てた場合には風上側に着雪するのみで、風下側にはかなりの広い範囲で堆雪がなく、形体も単調である。1 ヶ月後では円柱の後方に耳型と喉首型のくびれができた。寝かせた場合には 1 回のブリザードで管の側方にシャープな絶壁があり、高さ 55cm の凸から 35cm の低い領域ができ、風上側では直前は低い領域はあったが無着雪域はなかった。

これらは古い南極のデータであるが、建物などの構造物をつくる場合の、特に防風壁のような障害物を置く場合には埋まることがあるが、吹き抜け型の構造物の建設が定着する資料となったかと思われる。

28　フェーンとボラの局地風の特性

山越え気流には、おろし風、斜面下降風、カタバ風（katabatic wind）があり、逆に斜面上昇風、アナバ風（anabatic wind）がある。ここでは、局地風としてのフェーンとボラの特徴について記述する[4～6]。

（1）局地風フェーンの特徴

フェーン（風）(foehn) は、元々はアルプスの谷間に吹く南寄りの乾燥した局地的に吹く高温の強風のことであったが、現在は一般用語になっている。

① フェーンの気温・湿度特性　　フェーンは湿潤な気流が山を越える時、斜面を上昇するに従って、最初は乾燥断熱減率で 100 m 当たり約 1 ℃で気温が下降し、やがて凝結高度に達して雲ができ始め、湿潤断熱減率の 100 m 当たり 0.5 ℃で気温が下降し、さらに斜面を上昇して風上側の斜面でほとんどの水蒸気を雨・雪として落下させることで、風下側では一層乾燥した空気（気流）となる。その空気は山越え気流として斜面を下降し始めるが、今度は乾燥断熱減率で気温が上昇するため、斜面を吹き降りた空気は乾燥した高温の気流、熱風となる。例えば、湿度 100 %、気温 20 ℃の気流が 2,000 m の山を越えて風下側に達する場合には湿度 50 %、気温 30 ℃の気流となる。

② 高・低気圧性フェーンと農業影響　　フェーンには低気圧性（ウエット）と高気圧性（ドライ）があり、上述のものは低気圧性フェーンである。高気圧性は風上側の斜面で降水がない場合でも、上昇中の比較的乾燥した空気が乾燥断熱減率によって風下側に吹き降りる。この場合にも同様に乾燥した熱風となり、高気圧性フェーンと呼ぶ。この事例として東北地方で吹く冷害の元凶とされるヤマセ（風）がある。奥羽山脈（1,000 m 以上）の東側では多くの雲・霧は止まるが、気圧傾度（気圧差）があまり強くなく、下層の気塊が山を乗り越えられない場合には、上層の気塊が風下に吹き降りる。

風上の寒気は安定気層であり、山地に吹き寄せる場合に標高の低い場所を通って山地を除けて流れる特性があり、やがて寒気の上端の温位［上空の乾燥空気塊を 1 気圧（1,013 hPa）まで乾燥断熱減率的に移動させた場合の気温］の高い気塊が断熱昇温しながら下降することで風下側の気温が上昇する。青森・岩手県などの風上の太平洋側では、霧や雨で曇雨天が続き、水稲の冷害で不作となるが、風下の日本海側では晴天や曇天程度で乾いた暖風が吹くことで豊作になり、農業上、そのコントラストが明瞭に出ることがよく見られる。

フェーンの吹く時期は稲作の出穂期に当たることが多く、高温乾燥風が吹くと穂や葉が急激に蒸散を起こすため、特に穂は脱水症状を起こして白穂になり、一夜にして大被害を発生させるため、昔から農家では恐れられている。被害は夜間に多いが日中でも発生する。

③　フェーン風と雲　　フェーン風が吹く時にできる地形性の雲をフェーン雲と呼ぶ。この雲を風下から見た場合には壁状・枕状の雲となっている。これは風上側にできた雲が一度消えて雲の切れ目ができるが、直ぐまた風下にも雲が現れる場合が多い。もちろん風上側より雲の量は少ない。

また、風下波動（上層の風の上下動）と関連した雲にレンズ雲やロール雲ができることが多い。この雲は山の稜線よりかなり上空に発生し、さらに稜線よりかなり離れた風下側に発生することもある。

④　フェーンの発生場所　　フェーンは、台風や低気圧が西から北側を通過する時に、南東風が太平洋側から中央山脈を越えて北陸地方に吹き込むことで、よく発生する。また逆に太平洋側では台風が南から東側を通過する時に発生する。フェーンの吹く次期は7～10月の台風期に多い。北陸地方が最も発生頻度が高く、井波風（富山県南砺市）、だし（富山県砺波市）が有名である。次に、四国地方の瀬戸内側（愛媛県東部、やまじ風）、九州東部（宮崎県）、東海地方（静岡県）に多い。

外国ではカナダやアメリカ西部で吹くシヌックはスノーイーター（雪食い風）と呼ばれ、気温が－20℃から2分間で7.2℃になった例や風速が50 m/sの報告もある。カナダ・カリガリーの1988年冬季オリンピックでは－20℃だった気温が、期間中に17℃に上昇し、2月の最高気温の記録を更新し、融雪で試合に悪影響が出た。また、中国ではフェーンの高温・乾燥によって麦類の被害が多く発生する。その他、カリフォルニアのノーサーやサンタアナ、フランスのオータンやトウリエロ、スリランカのカッチャンなどが有名である。

（2）局地風ボラの特徴

ボラ（風）（bora）は、元々は寒候期に旧ユーゴスラビアのヴェレビット山脈やジナルアルプス山脈からアドリア海に吹き下る低温の乾燥した北東～東風向の局地風であったが、現在は一般用語となっている。フェーンと対比して扱われる。

①　ボラの特性　　ボラは寒気が山脈でせき止められ、その層が厚い時に山を越え

図 28-1　日本国内の顕著な局地風 [6,8]

表 28-1　地球規模スケールと局地規模スケールで見たフェーンとボラの特性比較 [4,5,7]

地球規模	フェーン	ボラ	局地規模	フェーン	ボラ
顕著な季節	暖候期	寒候期	発達する位置	卓越風が吹き越す山脈の風下の山麓	同左
もたらす主な気団	赤道または熱帯・亜熱帯海洋性気団	極または寒帯・亜寒帯大陸性気団	気温	吹き出すと高温になる	吹き出すと低温になる
関連する低気圧	熱帯低気圧・熱帯外低気圧	温帯低気圧	湿度	吹き出すと低下する	同左
北半球での対流圏の平均循環系	暖候期に南成分が強い領域	寒候期に北成分が強い領域	雲	卓越風が吹き越す山脈の風上側斜面と山頂部	同左
発達する地域	低緯度・中緯度	中緯度・高緯度	降水	風上側斜面で降水あり	同左

て吹き下ろす寒冷・乾燥風である。おろし風と類似した気象条件下で吹く。ボラは寒冷気圧の周辺域で、風下側は日射で暖められた地表面や暖かい海面がある場合に強化される。

旧ユーゴスラビアでは気温は0℃以下、平均風速は約8 m/s、強い場合には15～25 m/sで、最大風速は47.5 m/sであった[7]。

ボラにも高気圧性・低気圧性ボラがある。用語が統一されてないが、ドライ（白い・明るい）・ウエット（黒い・暗い）ボラなどとも呼ばれる。

外国では上述のボラ以外に、イタリアのミストラル、イギリスのヘルム風、フランスのビゼなどがある。

② 日本でのボラの特徴　ボラとして、日本の関東地方ではおろし風である北西の空っ風が冬季によく吹き、乾燥して寒い日が多く続くが、晴天が多いため日中はそれほどの寒さを感じない。風速は日本海側では10 m/sが強化され、関東では10～15 m/sとなることが多く、相対湿度は風上側の95 %以上から風下側の40 %程度、時に20 %以下にもなることがある。風速は日中から夕方に強く、夜間から早朝は弱くなる。農業では緑色野菜・常緑樹で寒風害、風食被害が発生する。

③ ボラの発生場所　関東地方では、**図28-1**[6,8]に示すように、赤城・那須・榛名・筑波・秩父・富士川おろしが有名であるが、これらは付近の有名な山・川の名前をつけたもので、その方向から風が吹いてくるわけではない。その他に北海道羅臼風、日本海側では鳥海山・月山（山形）・神通川（富山）おろしなどが有名であり、「だし」の名称を持つ生保内（秋田）・清川・三面・荒川・胎内・安田だしなどがある。西日本では伊吹（岐阜）・鈴鹿（三重）・六甲（兵庫）・比良（滋賀）・那岐（広戸風）（岡山）・肱川（愛媛）・耳納山（福岡）おろしなどがある。

（3）フェーンとボラの比較

一般的にフェーンとボラは、卓越風が吹き越す山脈の風下山麓で発生する湿度の低い強風である。グローバル・ローカルスケールでは、**表28-1**[4,5,7]のとおりである。広域的には暖・寒候期、気団の差（熱帯・寒帯気団）、北・南寄り風向差などがあるが、局地的には気温のみの差で吹き出すと高温・低温になることの違いだけである。

山の高度をH、寒気の高度をhとするとH/hが1以上でフェーン、1以下でボラとなる[1]。なお、清川だしの例では、谷の影響が強い午前中はボラ的特性、午後は山越えのフェーン的特性のある現象が、観測とシミュレーションで確認できたとされる[2,3]。

29　晴天乱気流と渦・カルマン渦

晴天乱気流（CAT, clear air turbulence）[3,4,6]とは、上空に雲がない晴天状態でありながら乱気流が起こる状態を指す。飛行機に動揺を起こす原因とされる気流・風の乱れを乱気流といい、飛行機の機体に当たる大小様々な多数の渦が正体である。乱気流が弱いと航空機に動揺を起こす程度であるが、激しいと機体の破損を起こし重大な事故に繋がる恐れがある。

（1）晴天乱気流による航空機の空中分解事故

晴天乱気流の気流による航空機の事故として、1966年3月5日、英国海外航空（BOAC）ボーイング707の富士山上空での機体空中分解事故があり、124名全員が死亡した。この航空機事故発生以来、晴天乱気流が注目されるようになった。これは当初、富士山によってできた山岳波（山のかなり上部を流れる波状の数十秒～数分の長周期で変わる気流）が事故原因とされていたが、その後の調査で剝離流（はくりりゅう）（剥離現象）が原因であることがわかった。これは山岳波よりも短い時間で山の地表付近の気流が地表から剥がれる時に渦を巻く気流である。その現象は山から相当遠くまで続くことが多い。この事故事例のように、山の近くで発生することもあるが、事故発生は次項の原因（山から離れた場所での剝離流）の方がより多いとされる。

（2）晴天乱気流の発生特性

晴天乱気流は対流圏（中緯度では高度12 km以下の大気層内）で発生することが多く、積乱雲･前線付近の対流雲 (積雲、積乱雲) によって発生する。一方、成層圏（12 km以上）では対流雲のない晴天の高高度でも乱気流が発生し、航空機が激しく揺れることがある。

晴天乱気流はジェット気流付近の強い風のシア（風向・風速の急激な変化）により発生し、上空の対流圏中層～成層圏下層（6～15 km）に前線のある空域や対流圏界面付近では、航空機はこの気流に遭遇することがある。ただし、晴天と記したが、ジェット気流付近では巻雲のある中で発生する場合も多く、この場合も含まれる。発生のスケールは、ジェット気流の軸に沿って水平方向に長さ100 km、幅10 km程度であり、継続時間は1時間程度と短い。

発生原因は大気中のケルビン・ヘルムホルツ波（2名の流体力学者によるKH波）が

不安定化して、そのKH波が崩れる時に発生しやすい[3,4]。**図29-1**[3,7]のような特徴的な形態を示すこの波は、密度と風速の異なる2層の流体（上は軽く下は重い）が水平的に接する境界付近で、それぞれ異なる風速で動く時に、密度差による風速差が強くなり、ある数値（リチャードソン数、高度と気温の比を示す大気安定度が0.25以下）になると発生する[5]。一般的には短時間で壊れる。

別の説明をすると、上の層に軽い空気がある時に下層の空気密度が高く上層が低い、いわゆる密度的に成層した重力的に安定した気流内で、高さによって水平速度が変る気流がある場合、安定気層であるにもかかわらず、その場での風(流体)の運動エネルギーを原動力として擾乱（流れの不安定の原因になる波や渦、空気の攪乱）が発生・成長して流体の層が不安定になることがある。すなわち、上述のリチャードソン数Riが0.25以下の場合には流体の層が不安定になる。この場合の不安定状態をKH不安定、そこで発生する波がKH波と呼ぶ。不安定によりKH波の振幅が時間とともに増加すると、波が巻き込み、渦巻きの列が発生するが、やがて渦は崩れて乱流状態になる。

なお、実際の大気においては、ある境界面を挟んで空気密度が不連続になることはないが、対流圏の上層や中層では前線面を挟んで上層の暖気と下層の寒気間で相当大きい風速差がある場合には、波状雲（ロール・列状に何本も並ぶ雲列）を伴うKH波が発生することがある。すなわち、晴天乱気流はこの波が原因であるとされる。

晴天乱気流は目に見えず、レーダーでも把握できなく、また短時間で消えるため、時間・場所を特定することは非常に難しい。対策としては、飛行機からの最新の報告情報および操縦室内の風向・風速・気温の急変等から推測しているが、最近、シンチレーション計（放射線を受けて放出された蛍光を光電子増幅器で測定）によって光学的に観測することで、予報が可能になりつつある。

(3) 渦としてのカルマン渦（渦列）

渦（vortex, eddy）とは点や線の回りを回転する運動が卓越する気流を指す。強い渦は同心円状になった流線である。竜巻や台風が典型的であり、鉛直的にできる渦巻きである。一方、大気中の乱れた気流内には渦の軸（渦線軸）が曲がりくねった不規則な気流、すなわち乱渦（乱子とも呼び、乱流の中で発生する渦）がある。なお、乱流とは大小様々な渦を持つ気流であり、その逆が層流である。

渦の発生には種々の原因があるが、多くは流れの不安定性によって発生する。この場合、変形しない物体（剛体）の境界面で発生する流れ（カルマン渦など）と密度の異なる流体が接した時にその境界面で発生するサーマル（暖かい空気の塊）や重力流（冷

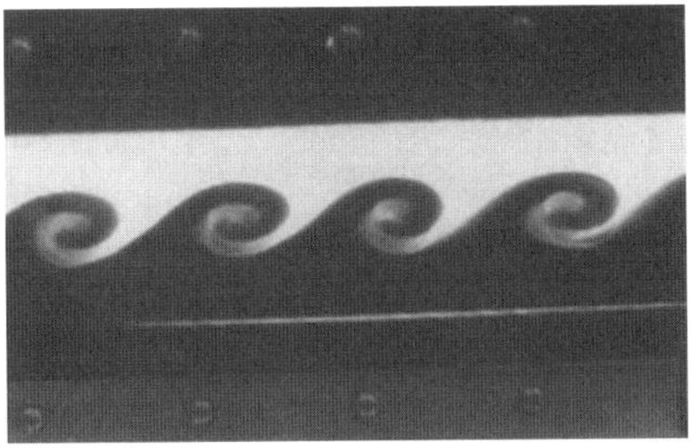

図 29-1　2層の流体による室内実験で得られたケルビン・ヘルムホルツ(KH)波［3,7］。この後、数秒で波は離れ、大小無数の渦となり拡散した

図 29-2　室内実験で円柱の後ろにできたカルマン渦［5]。*Re*=105［種子田定俊撮影。Van Dyke(1982)］

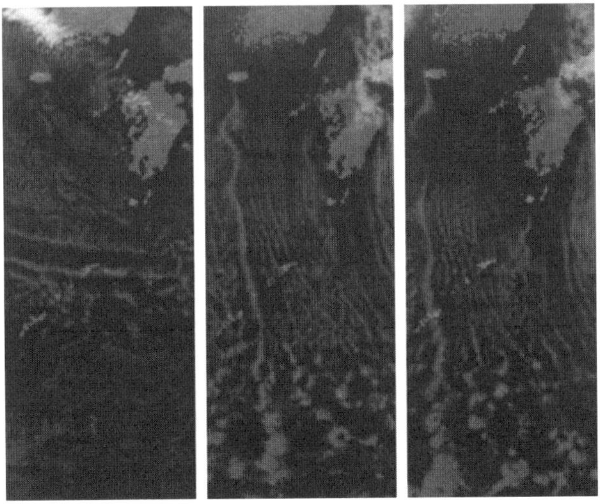

図 29-3　済州島(左上の島)と屋久島によって発生し、九州南西方に見られたカルマン渦［2013年11月20日9：00、2014年1月19日11：00、13:30(気象庁)］

たい空気と暖かい空気の重力差で発生する流れ）がある。

さて、渦として代表的なものの一つとされるカルマン渦列（Kármán's vortex street、流体力学者フォン・カルマンによる）を取り上げる [1,2,5]。気流の密度が一様で、圧力差がない一様な気流（どこでも同じ流れ）・風の中に、長い円柱（川の流れでは杭など）を立てた場合には、円柱の風下の気流の形態はレイノルズ数（$Re = Ud/v$）のみで決まる。ここで、U：一様な風速、d：円柱の直径、v：流体の粘性（動粘性係数）である。この場合、大きい円柱でも小さい円柱でも、大きさは異なるが、変化パターンは全く同じである。この現象が流れの相似則としての特性である。すなわち、数値が同じであればパターンは全く同じとなる。$40 < Re < 300$ の場合は円柱に向かって右側が時計回り、左側が半時計回りの渦が規則的に交互に発生して、左右に 2 列の渦列が下流に流れていく（**図 29-2**）[2,5]。

渦は次々につくられるが、時間当たりの渦の個数はどのように変わるのであろうか。片側の渦列のできる渦の発生周波数 f（1 秒当たりの渦の個数）との関係は、無次元のストローハル数（$St = fd/U$）で表される。円柱など Re が大きい場合には、St は 0.2 である [1]。

大気中の寒気の吹き出しの場合に、韓国の済州島のような孤立した独立峰を持つ島では、その下流にカルマン渦が発生し、人工衛星写真でよく見られる。冬期間には結構数多く発生する（**図 29-3**）。済州島の独立峰（ハンナ山、1,950 m）で発生するカルマン渦の場合、風は、島の両端から回り込む、島を迂回する風によって形成される。これは寒候期に、中国大陸が冷却されて寒気が海上に流出する時に発生する。その厚さは 1,000 m 程度であるため、山中付近は寒気層の上に突き出ている。このような場合のみに渦列が発生する。なお、渦の直径は 100 km にも達する。日本では屋久島、利尻島などでも発生し、外国では北大西洋のヤンメイエン島（ノルウエー北方の島）やカリフォルニア半島西約 240 km の太平洋上のグアダルーペ島（メキシコ）などで発生する。

次に、強風の場合には、渦の発生・放出による気圧変化によって電線や樹木の小枝が震動して、ビュービュー、ヒューヒューの音を発生させることがよくある。その原因は電線から発生する渦の圧力差が電線を震動させるためであり、強風になると音の周波数が高くなり高音となる。

また、吊り橋などの構造物に風が当たると、構造物とカルマン渦の間に共振が発生し渦励振（渦によって起こり震動が増大）という現象が起こる。これが長時間続くと構造物の疲労破壊の原因となるので、形体を変えるなどの対策が必要である。

30　最近の台風の特徴とその変化傾向

2013 年は台風（typhoon）の当たり年と言ってもよいほどであり、31 号に達した。1951 年からの台風発生数は、1967 年の 39 個が最も多く、1994 年と 1971 年が 36 個、1966 年が 35 個である。少ない方は 2010 年の 14 個であり、次が 1998 年の 16 個である。平均は 25.6 個、接近数は 11.4 個、上陸数は 2.7 個である。

なお、年間上陸数の最高は 1951 年以降では 2004 年の 10 個である。2004 年の台風上陸数の多さを NHK 福岡で解説した時に、記録としない 1950 年の上陸数 11 個について追加説明した記憶がある。一方、年間上陸数 0 は 1984、1986、2000、2008 年である。

(1) 2012 年 9 月 16 日の台風 16 号の特徴

まず、最近の強い台風には、2012 年の 16 号台風（気象庁）があり、9 月 14 日に中心付近の気圧が 900 hPa に発達し、16 日には 925hPa で鹿児島県与論町与論島付近を通過し、最大風速が東南東 42.1 m/s で記録更新となり、次が沖縄県うるま市宮城島で 40.5 m/s であった。記録更新した地点は、沖縄県国頭村奥では東 32.8 m/s、鹿児島県天城町天城では南 31.1 m/s、長崎県上五島町頭ヶ島では南南東 31.2 m/s で、最大瞬間風速は沖縄県うるま市宮城島で 57.5 m/s、与論島で 57.1 m/s、国頭村奥で 55.3 m/s などであった。17 日には九州北部の対馬海峡を経て日本海に抜けた。

24 時間雨量では高知県いの町本川で 468.5 mm、室戸市佐喜浜で 459.0 mm、仁淀町鳥形山で 412.0 mm、愛媛県西条市成就社で 352.5 mm などであり、四国・近畿の太平洋側で多かった。

16 号は本場台風としての典型的な台風であった。沖縄から近畿の太平洋側中心に風速、雨量ともに大きい値を示し記録を更新した。特に秋の高い潮位期であったため、九州・沖縄では最高潮位を更新した地点が多かった。

(2) 2013 年 9 月 16 日の台風 18 号の特徴

2013 年では 9 月 16 日（前年と同日）に愛知県豊橋市付近に上陸した 18 号台風（気象庁）があり、日本付近で平年よりも相当高い海水温と上空の強い偏西風の影響で、上陸直前までの日本近海で非常に発達した特徴があり、かつ強風よりも大雨の影響が大きかった。すなわち、9 月 15 日 9：00 に 980 hPa だった台風が、16 日早朝に日本近海で 965 hPa に発達した。日本の南海上で平年の海水温より 1 ℃以上、日本海南部域で 2 ℃以上高かったために発達しやすかった。

強風では上陸地付近の豊橋市で瞬間最大風速 39.4 m/s であり、また埼玉県、群馬県では竜巻によって強風被害が発生した。

気流の立体構造を見ると、高度 400 m 付近の空気塊は日本海の低い高度からの北東風であり、上空 2,000 m の空気塊は南海上からの東南東風であった。日本海側では高度 3 km より上空の南からの水蒸気を多く含んだ南からの空気の流入に加えて、台風がジェット気流を伴う偏西風域に接近したことで台風の北側では偏西風に吸い上げられて上昇気流が起こりやすかった。一方、北から流入した水蒸気を多く含んだ湿潤空気は山地による地形性の上昇気流に持ち上げられて積乱雲が発達し降水を強化して大雨となった。

近畿地方の大雨は和歌山・三重県の紀伊半島南部域で多く、三重県大台町宮川で 575.5 mm、奈良県上北山で 542.5 mm であった。これとは別に京都北部から福井西部の滋賀県高島市朽木平良で 494.5 mm の大雨となった。このため従来あまり大雨が降らなかった地域の京都市嵐山、福知山市で、珍しく大水害となった。

ここで注目すべきは、8 月 30 日に新たに運用開始となった大雨の「特別警報」が初めて京都・滋賀・福井県に出されたが、結果的にはあまり有効利用されず、効果を十分に発揮できなかった。このため、今後の運用の仕方に課題が残った。一方、次に示す別の問題も発生し、伊豆大島では大規模な土砂崩れで死者・行方不明 39 名を出した。

(3) 2013 年 10 月 16 日の台風 26 号の特徴

10 月 16 日の台風 26 号（気象庁）は上陸しなかったが、関東地方に接近して大きい被害を与えた。関東に最接近した時に 955 hPa であり、最大瞬間風速は千葉県銚子市で北北西 46.1 m/s で、宮城県女川町江ノ島で北北東 45.5 m/s であった。最大風速では、江ノ島で 33.6m/s、銚子で 33.5m/s であった。なお、東京都大島町（伊豆大島）では瞬間最大風速 35.3 m/s（大島）、最大風速 22.3 m/s（大島北ノ山）であったが、新記録ほどの強風ではなかった。

一方、風よりも雨の方で極端な記録、土砂災害（**図 30-1**）が発生した。大島では 24 時間雨量の最大値は 412 mm であったが、今回の豪雨はちょうど 2 倍の 824 mm となった。なお、大島観測所に近い大島北ノ山では 412 mm で従来記録 264 mm を大幅に更新したが、雨量は大島のちょうど 1/2 であった。この 2 倍、1/2 倍の数字に偶然の驚きを感じる。また、大島では 1 時間雨量 122.5 mm で従来記録

図 30-1　伊豆大島での2013年10月16日の大規模山地崩壊（朝日新聞デジタル、2013年10月17日）

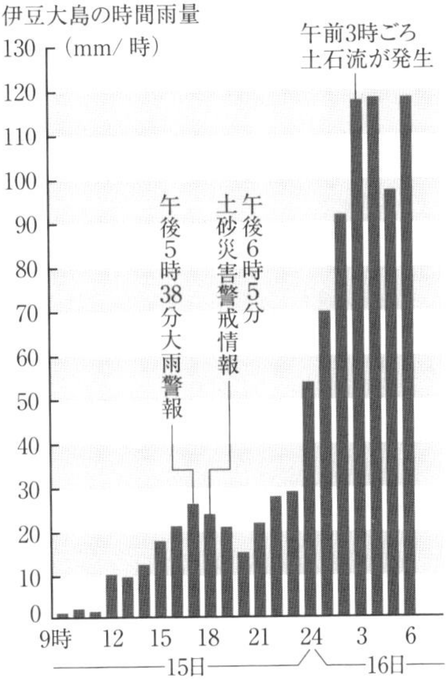

図 30-2　伊豆大島の時間雨量（120 mmが2時間継続）（朝日新聞デジタル、2013年10月17日）

107.5 mm を大きく更新した。かつ、3 時間雨量でも 335.0 mm で、従来記録 153.0 mm から 2 倍以上の更新であり、大島北ノ山でも 170.5 mm（従来 106.0 mm）の更新であった。なお、静岡県伊豆市天城山では 399.0 mm、千葉県鋸南町鋸南では 370.5 mm、茨城県鹿嶋市鹿嶋では 362.5 mm（記録更新）の大雨であった。

さて、このような大雨の可能性が予測されたのであるから警報が出て当然と考えられるが、この豪雨に対して気象庁は「特別警報」を出さなかった。すなわち、大島は離島で範囲の狭さ（例えば、2 県にまたがる程度の範囲でない）から警報は出せなかった。これはきわめておかしな規定であり、例えば、東京から 1,000 km も離れた小笠原と都庁のある場所が同じ東京都であり、この場合の同地域扱いはきわめて不合理である。離島は別々に出すべきである。

気象庁は、特別警報を出さなかったが、「過去に前例がないほどの大雨が降ること」を大島町に電話連絡していた。しかし、大島町では避難勧告、避難指示ともに出さなかった。火山災害には敏感であったが、土砂災害は最近発生していないため無関心であったのであろうか。また、真夜中に避難勧告・指示を出すと、かえって被害を発生させるなどの理屈であるが、**図 30-2** に示すように、強雨は翌日 0 時以降であった。前日の夕方に十分出すチャンスはあったはずであり、大雨に対する判断の未熟さがあった。

なお、筆者らは2013年12月15～16日に三宅島・御蔵島付近で液体炭酸散布による人工降雨実験を実施し成功したが、その時に伊豆大島に飛行し、被災地を視察した。土砂災害下流域はかなり片づけられてはいたが、**図30-3**のとおり山地の崩壊状況はそのままであった。

さて、最近の強風や大雨の多発は、地球温暖化が関連していると強く思っている。地球温暖化は、各種気象災害を多発させる傾向がある。これは、過去100年間、特に最近30年間における高層(11km以上)と下層(地表面付近)の気温較差の拡大に起因していることは明らかであろう。

（4）最近の日本は災害弱貧国か？

最近の日本はおかしい。まさに終戦直後か、それに近い時期を思い出させる。筆者が子供の頃、1954年洞爺丸台風、1959年伊勢湾台風（いずれも9月26日上陸の15号台風）によって大打撃を受けた。そのため災害に強い国をとの意気込みで、災害対策を立て実施した防災効果、およびその後の安定気象（気象災害の少ない時期）や経済成長も手伝って、相当程度、自然災害を克服したかのように思われた。しかし、現在、地球温暖化および防災対策の不備や人為的ミスによって、そうではない状況にある。

これらは2011年3月11日の東日本大震災の発生を契機とするかのように、地球温暖化の中で、気象災害が激増している。現在、CO_2の増加で100年間の地上気温上昇約0.7℃は相当知られているが、そうでないことに成層圏（10～50 km上空）の気温が、逆に0.7℃低下していることである。これは地表面付近の気温が上昇したことの辻褄（つじつま）合わせ、すなわち温室効果ガスにより下層大気で熱を奪って溜め込むため、上空に熱が伝わらないためである。

したがって、下層の高温化、上空の低温化で、気温較差が大きく、大気が不安定になることで、その熱の解消のため、積乱雲の発達が激しく、豪雨、竜巻、雷、雹などの極端気象や高温・低温、多雨・少雨の異常気象が頻発することになる。今後とも、当分（20～30年）の間、この現象傾向は間違いなく強化され、弱まることはないと思われる。

さて、この中で、最近のテレビ、新聞、ラジオ等々で見聞することは、災害の多発である。2012年の近畿水害や2013年の京都・福井、山口・島根、秋田・岩手、東京伊豆大島での水害等々は、1950年代の日本を連想させる。まさに災害最貧国になったかのように思われる。2020年のオリンピック開催は良いが、災害に弱い国では嘆かわしいことである。

繰り返すが、地球温暖化の中で異常気象、極端気象による気象災害の多発期である。政府関係者はそのような時期であることを自覚して防災対策を行い、被害軽減に真剣に対応して欲しい。このような内容を新聞投稿したが掲載されなかったのは残念であった。

2014 年 7 月上旬、大型台風 8 号が発生し、急激に発達した。宮古島地方に初めて台風の特別警報が発令された。910 hPa になるとの予測が台風の眼が大きく雲の少ない気流のためか 930 hPa 止まりであった。沖縄本島・久米島地方では高潮の特別警報も出されたが、短時間で解除になった後、再度、沖縄地方に大雨の特別警報が発令された。2013 年、近畿北部での大雨の特別警報の発令に対し、伊豆七島では大雨災害時には発令されずに大被害となり、少々ちぐはぐに感じられた。避難勧告、避難指示や注意報、警報、土砂災害警戒情報、特別警報のうち、土砂災害警戒情報が異質に感じられるが、妥当であろう。

図 30-3　災害 2 ヶ月後の伊豆大島土砂災害跡地（2013 年 12 月）。中央部に見える山腹崩壊斜面（左手は大島空港）（左上）、航空機から見た山腹崩壊斜面（右上）（口絵参照）、地上から見た崩壊斜面（左下）、山地上部から見た災害状況（右下）

とうもん水田の水土と防風

静岡県掛川市の遠州灘に面した広々とした水田は「とうもん」と呼ばれている。これは稲面（とうも）または田面（たおも）の言葉からきているとされる。

この南遠州地域は、農水省(内閣総理・農林大臣賞受賞資料、とうもんの会、http://www.maff.go.jp/kanto/kihon/kikaku/yutamura/pdf/h24sizuoka)によると、江戸時代には遠州横須賀藩の城下町で地の利を活かした海運が盛んであり、殖産興業としてサトウキビや茶の栽培が奨励されたが、昔は海であり災害が多かった。歴史的には宝永地震[宝永4(1707)年10月28日](12月15日に富士山の宝永大噴火が発生)で海底が隆起し陸地となった。その砂浜(砂地)を開墾することで、この地方に吹く「遠州の空（から）っ風（かぜ）」から守るため松防風林を設置し、「わら立て」防風を行って砂の飛散を防止した。一方、低地には「十内圦（じゅうないいり）」と呼ばれる河床下の地下水路が整備された。そして、宝永大地震のほか、江戸時代最大といわれた台風による延宝の高潮、安政東海地震等、繰り返される大災害に対処するため、高潮からの避難所である「命山（いのちやま）」や「浅羽大囲堤（あさばおおがこいづつみ）」等が造設され、その遺構が現在も残っている。このように、先人の努力の賜（たまもの）がこの風景の背景にある。

ここでは水田中心の稲作が行われているが、北部域では茶、南部域ではメロン、イチゴ、トマト等の施設園芸が盛んである。遠州灘の海岸は日本の代表的な景色である「白砂青松」の典型でもあり、また水田には浮島のように鎮守の森が点在した農村風景を造っている。

引用文献・参考文献

1 風と病気・インフルエンザ

［1］ ダライ・ラマ、婦人公論、1月号、pp.41-43、中央公論新社、2014。

［2］ 林美枝子・西條泰明・岸玲子：森林と補完・代替療法、森林医学、pp.26-51、朝倉書店、2006。

［3］ 池見酉次郎：セルフコントロールとアロマセラピー、フレグランス・ジャーナル、p.77、1986。

［4］ 真木みどり：眼球運動と呼吸法による心的解放、子どもの園冊子、pp.1-7、2014。

［5］ 三島済一：かぜ（風邪、感冒）、栗原操寿監修『家庭の医学』、pp.345-347、小学館、1984。

［6］ 永田晟：呼吸の極意、pp.4-5、朝倉書店、2012。

［7］ 岡部信彦:風邪とインフルエンザ　具合の悪いときはゆっくり休むことに限る、風の事典、p.28、丸善出版、2011。

［8］ 新貝憲利：森林セラピーと精神療法、森林医学、pp.100-116、講談社、2012。

［9］ ライアル・ワトソン、木幡和枝訳：風の博物誌、pp.1-411、河出書房新社、1990。

2 風と楽器・合奏

［1］ ウイリ・アーベル：ピアノ音楽史、pp.4-7、音楽之友社、1994。

［2］ 星旭、浜野政雄他監修：学生音楽事典、pp.1-127、音楽之友社、1990。

［3］ ルドルフ・シュタイナー著、鈴木一博訳：普遍人間学、pp.1-239、秦書房、2013。

［4］ ライアル・ワトソン著、木幡和枝訳：風の博物誌、pp.1-318、河出書房出版、1990。

3 風と発声・歌

［1］ 浜野政雄他監修：学生の音楽事典、pp.105-193、音楽之友社、1990。

［2］ 永田晟：呼吸の極意、pp.143-146、講談社、2012。

［3］ 田村和紀夫：西洋音楽史、pp.38-39、尚美学園大学、1992。

4 風がつくる神話と伝統行事

［1］ 坂本勝監修：古事記と日本書紀、pp.28-52、宝島文庫、2012。

［2］ 高橋睦郎：花をひろう、朝日新聞、2010年8月7日朝刊。

［3］ 田中重太郎：小倉百人一首、p.7、初音書房、1960。

［4］ つくば市教育委員会文化財課：「常陸風土記を尋ねる」HP、2013。

5 おわら風の盆とおわら節・踊り

［1］ 越中八尾観光協会：越中八尾おわら風の盆公式ガイドブップ、pp.1-65、2010。

6 風と和歌・俳句

［1］ 加藤道理ら：最新国語便覧、pp.76-226、浜島書店、1996。

［2］ 佐藤包晴：菅原道真、pp.16-210、西日本出版社、2001。

［3］ 田中重太郎：小倉百人一首、pp.1-50、初音書房、1960。

7 風と歴史・遣唐使

[1] 真木みどり：風と歴史 歴史のターニングポイントとしての風、風の事典、p.13、丸善出版、2011。

[2] 高木訷元：空海、pp.1-52、吉川弘文館、1997。

[3] 田中重太郎：文法要解小倉百人一首、pp.1-50、初音書房、1960。

8 風と近代文学

[1] 川端康成：川端康成集『山の音』、新日本文学 15、pp.28-71、新潮社、1984。

[2] 小林多喜二：小林多喜二・黒島伝治・徳永直集『蟹工船』、筑摩現代文学大系 38、pp.58-67、筑摩書房、1984。

[3] 島崎藤村：破戒、新日本文学、pp.144-203、新潮社、1984。

9 風と海外文学

[1] ヨハン・ヴォルフガング・フォン・ゲーテ (Johann Wolfgang von Goethe)、高橋義孝訳：ファウスト、pp.89-91、新潮文庫、2013。

[2] ヘルマン・ヘッセ (Hermann Hesse)、実吉捷郎訳：車輪の下、pp.42-174、岩波書店、2012。

10 風と児童文学

[1] 真木みどり：風と文学 文学作品名に登場する風、風の事典、p.20、丸善出版、2011。

[2] 宮井洋明：大風吹いた、リーマガジン、pp.14-15、精巧堂出版、2010。

[3] 宮沢賢治：宮沢賢治童話全集 9、pp.101-146、岩崎書店、1979。

[4] 岡崎ひでたか他：鬼が瀬物語 4、pp.144-146、公文出版、2008。

[5] 壷井栄：少年少女日本文学館、第 13 巻、pp.45-54、講談社、1968。

11 風で動く帆掛け船

[1] 山田晃太郎：新むら・まち百景 霞ヶ浦の帆引き船、日本農業新聞、2012 年 9 月 23 日、17692、12。

12 風を利用するヨットとウインドサーフィン

[1] 藤井邦雄：ウインドサーフィン 風と親しむ爽快なスポーツ、風の事典、p.235、丸善出版、2011。

[2] 小濱泰昭：ヨット 風に逆らって進むことができる、風の事典、p.234、丸善出版、2011。

[3] ヨット・ウインドサーフィン：http://ja.wikipedia.org/wiki/

13 風と凧・カイト・吹き流し

[1] 伊藤慎一郎：凧・カイト 風を操る遊び、風の事典、p.232、丸善出版、2011。

[2] 浜松まつり会館：http://hamamatsu-daisuki.net/matsuri/battle/

14 風と穂波・樹梢波

[1] Maitani, T.：An observational study of wind-induced waving of plants, Boundary-Layer Meteorol., 16, pp.49-65, 1979.

[2] 真木太一：風と自然－気象学・農業気象・環境改善－、pp.1-239、開発社、1999。

[3] 真木太一：井上栄一、風の事典、p.182、丸善出版、2011。

15 黄砂と風による口蹄疫の輸送・伝染・蔓延

[1] Brian, S.：Department for Environment, Food and Rural Affairs and the Chief Veterinary Officer, UK, pp.1-82, 2007.

[2] Gloster, J. and Alexandersen, S.：Atmospheric Environment, 38, pp.503-505, 2004.

[3] 八田珠郎：黄砂構成鉱物とその表面特性、最近の黄砂および気象・土環境に関するシンポジウ、3、2008。

[4] 八田珠郎・越後拓也・根元清子・礒田博子・山田パリーダ・杜明遠・真木太一：黄砂粒子の最表面状態、黄砂および大気汚染物質の越境輸送問題、pp.3 ～ 4、2009。

[5] 真木太一：黄砂と口蹄疫－大気汚染物質と病原微生物－、pp.1-197、技報堂出版、2012。

[6] 真木太一・青木正敏・礒田博子・大政謙次・鈴木義則・早川誠而・宮崎毅・山形俊男：報告「黄砂・越境大気汚染物質の地球規模循環の解明とその影響対策」、日本学術会議風送大気物質問題分科会、pp.1-30、2010。

[7] 真木太一・八田珠郎・杜明遠・脇水健次：宮崎県での口蹄疫発生に及ぼす黄砂および風による蔓延の影響、学術の動向、2011(2)、pp.65-70、2011。

[8] Shi,F., Yamada,P., Han,J., Abe,Y., Hatta,T., Du,M., Maki,T., Yoshikoshi,H., Wakimizu,K.and Isoda, H.：Detection of Foot and Mouth Disease Virus in Yellow Sands Collected in Japan by Real Time Polymerase Chain Reaction (PCR) Analysis, J. of Arid Land Studies, 19(3), pp.483-490, 2009.

[9] 山田パリーダ・八田珠郎・杜明遠・脇水健次・真木太一・礒田博子：国内採取黄砂アレルゲン物質の解析、口蹄疫および鳥インフルエンザ発生の状況把握とその行方、日本学術会議農業生産環境工学分科会、pp.33-39、2011。

16 風による微生物と微粒子の移動

[1] Griffin,D.W.：Clinical Microbiology Reviews, 20, pp.459-477, 2007.

[2] 礒田博子・山田パリーダ：風と微生物 風に乗って広がる病原菌やウイルス、風の事典、p.256、丸善出版、2011。

[3] 小山昌志・森下正彦・山内勧：モモせん孔細菌病に及ぼす気象要因と防風対策、関西病害虫研究会報、p.42、1999；2000。

[4] 真木太一：風害と防風施設、pp.1-301、文永堂出版、1987。

[5] 真木太一：エアロバイオロジー 空中生物学、風の事典、p.255、丸善出版、2011。

[6] 真木太一：黄砂と口蹄疫－大気汚染物質と病原微生物－、pp.1-197、技報堂出版、2012。

[7] 真木太一・青木正敏・礒田博子・大政謙次・鈴木義則・早川誠而・宮崎毅・山形俊男：報告「黄砂・越境大気汚染物質の地球規模循環の解明とその影響対策」、日本学術会議風送大気物質問題分科会、pp.1-30, 2011。

[8] 竹村俊彦：SPRINTARS エアロゾル予測、九州大学応用力学研究所 HP、2013。

[9] Wang,Q., Nakamura,S., Gong,X., Kurihara,K., Suzuki,M., Sakamoto,K.and Nakajima,D.：Environmental Health Risk V；Biomedicine and Health, 14, pp.65-76, 2009.

[10] 山崎修一・吉松英明・武政彰・玉嶋勝範：2007 年に大分県で多発したコムギ黄さび病、九州病害研究報、54、pp.7-12、2008。

[11] 山田パリーダ・礒田博子・安部征雄：黄砂発生における微生物及びアレルゲン物質の輸送、沙漠研究、

19(4)、pp.515-524、2010。
[12] 山田パリーダ・八田珠郎・杜明遠・脇水健次・真木太一・礒田博子：国内採取黄砂アレルゲン物質の解析、口蹄疫および鳥インフルエンザ発生の状況把握とその行方、日本学術会議農業生産環境工学分科会、pp.33-39、2011。
[13] Yamada,P., Hatta,T., Du,M., Wakimizu,K., Han,J., Maki,T.and Isoda,H.：Inflammatory and degranulation effect of yellow sand on RBL-2H3 cells in relation to chemical and biological constitutions, Ecotoxicology and Environmental Safety, ELSEVIER, 84, pp.9-17, 2012.

17 風による種子と花粉の移動

[1] 礒田博子・山田パリーダ：種子の拡散 風に乗せて子孫を残す、風の事典、p.250、丸善出版、2011。
[2] 真木太一：風と自然－気象学・農業気象・環境改善－、pp.1-239、開発社、1999。
[3] 真木太一：花粉の移動 風によって運ばれる花粉、風の事典、p.251、丸善出版、2011。
[4] 渡辺一夫：イタヤカエデはなぜ自ら幹を枯らすのか－樹木の個性と生き残り戦略、pp.1-252、筑地書房、2009。

18 強風による偏形樹と縞枯れの発生

[1] 甲斐啓子：関東地方・中部地方における亜高山帯林のしまがれ現象に関する若干の考察、地理学評論、47、pp.709-716、1974。
[2] 真木太一：風による造形－偏形樹、風と自然、pp.138-147、開発社、1999。
[3] 真木太一：偏形樹 風で変形した樹木、風の事典、p.246、丸善出版、2011。
[4] 真木太一：縞枯れ 森の樹木が縞状に立ち枯れる、風の事典、p.89、丸善出版、2011。
[5] 大和田道雄ら：石狩平野の卓越風の分布について、地理学評論、44、pp.638-652、1971。
[6] 大高伸明・升屋勇人・山岡裕一・大澤正嗣・金子繁：縞枯れ林における立ち枯れとキクイムシおよび菌類との関係について、森林防疫、53、pp.96-104、2004。
[7] 渡辺一夫：シラビソ・オオシラビソ、イタヤカエデはなぜ自ら幹を枯らすのか、pp.194-210、築地書館、2009。
[8] 山岡裕一：森林の病気、森林への招待、pp.61-76、筑波大学出版会、2010。

19 風と放射能汚染

[1] 真木太一：大気環境学 地球の気象環境と生物環境、pp.1-140、朝倉書店、2000。
[2] 真木太一：、2007：風で読む地球環境、pp.1-171、古今書院、2007。
[3] 真木太一：最新、正確な拡散予報を、読売新聞、2011年4月22日、37。
[4] 新田勍：大気と海洋の大循環、気象ハンドブック、pp.107-111、朝倉書店、1995。
[5] 渡邉明：放射能汚染 風に乗って拡散する、風の事典、pp.180-181、丸善出版、2011。

20 カタバ風・ブリザードと風速・気温

[1] Maki,T.：Characteristics of atmospheric turbulence in stable stratification at Syowa Station in Antarctica, J.Met.Soc.Japan, 52(1), pp.32-41, 1974.
[2] 真木太一：南極大陸斜面で吹くカタバ風、風と自然－気象学・農業気象・環境改善－、pp.107-117、開発社、1999。

［3］ 真木太一：南極の斜面下降風・カタバ風は冷気流、南極と日本における気温−風速の関係、風で読む地球環境、pp.68-75、古今書院、2007。
［4］ 佐藤薫：極地風 南極に吹く強い風、風の事典、p.63、丸善出版、2011。

21 竜巻と突風

［1］ 真木太一：「2006 年台風 13 号に伴う暴風・竜巻・水害の発生機構解明と対策に関する研究」報告書、科研費特別研究促進費、九州大学、pp.1-218、2007。
［2］ 守田治：2006 年台風第 13 号に伴って発生した竜巻の発生メカニズム、「2006 年台風 13 号に伴う暴風・竜巻・水害の発生機構解明と対策に関する研究」報告書、pp.183-190、2007。
［3］ 新野宏：藤田スケール、気象科学事典（日本気象学会編）、pp.1-466、東京書籍、1998。
［4］ 新野宏：竜巻による被害 短時間に狭い範囲を破壊しつくす渦の怖さ、風の事典、pp.172-173、丸善出版、2011。
［5］ 竜巻・トルネード：http://ja.wkipedia.org/wiki/（ウィキペディア、Wikipedia）、http://jiten.biglobe.ne.jp/j/b2/e1/14/dae2bfa1e580834fb4decd87f103a046.htm

22 風と火炎熱・冷源が作る火災旋風・竜巻

［1］ 中央防災会議：「災害教訓の継承に関する専門調査報告書」1923 年関東大震災、pp.195-206、2006。
［2］ 星のかおり：HP、http://www.masaruk.com/kaze-column004.html、2002。
［3］ 小柴誠子：火炎風 風に乗って荒ぶる火炎、風の事典、p.170、丸善出版、2011。
［4］ 奥津福太郎：関東大震災竜巻体験記、hikaenochou.world.coocan.jp/33okutu.himl、2002。
［5］ サバイバルフーズ：HP、防災情報のページ、関東大震災の解説、http://www.sei-inc.co.jp/bosai/1923/、2012。
［6］ 関本孝三：関東大震災時に両国被服敵跡地に出現した火災旋風（関東大震災における被服敵跡火災旋風の模型実験、日本機会学会熱工学ニュースレター、55)、http://www.ab.auone-net.jp/~kozo/SM/FireWhirl.htm、2006。
［7］ 関本孝三：関東大震災における被服敵跡火災旋風の模型実験、TED Plaza、http://www.jsme.or.jp/ted/NL55/Ted_Plaza_NL55.html、2012。
［8］ 消防研究センター：2009：火災旋風の研究、消防の動き、pp.24-25、2009 年 8 月号（消防大学校だより 2012）、2009。
［9］ 東京都慰霊堂：HP、http://www.tokyoireikyoukai.or.jp/ireido.html、2012。
［10］ ウィキペディア（Wikipedia）：HP、http://jiten.biglobe.ne.jp/j/6a/7b/b4/92413aa43f834a0ed59fa8a861ad619a.htm、2012。

23 風穴の風は自然の冷蔵庫

［1］ 真木太一：ジャガラモガラ風穴・盆地の地形、気象および植生の特徴、農業気象、54(3)、pp.255-266、1998。
［2］ 真木太一：天童市ジャガラモガラ盆地の風穴と乾燥地トルファンのカレーズの気候特性、沙漠研究、9(1)、pp.61-78、1999a。
［3］ 真木太一：風と自然−気象学・農業気象・気象改善−、pp.1-239、開発社、1999b。

24 風レンズがつくる風力エネルギー

[1] 石原孟：洋上風力発電 海上の風力エネルギー、風の事典、p.147、丸善出版、2011。

[2] 経塚雄策：浮体式洋上風力発電の最新動向と今後の期待、學士會報、895、pp.58-69、2012。

[3] 大屋裕二：2011：風レンズ 風を集めて効率を高める、風の事典、p.145、丸善出版、2011。

[4] 読売新聞：浮体式洋上風力発電、環境、2012 年 9 月 17 日、49069、16。

25 風がつくる水と氷の雲

[1] 飯田睦治郎：雲、気候学・気象学辞典、pp.150-152、二宮書店、1985。

[2] 木村龍治：雲 風がつくる雲と雲が起こす風、風の事典、p.65、丸善出版、2011。

[3] 齋藤三行：雲、気象科学事典(日本気象学会編)、pp.172-174、東京書籍、1998。

[4] 吉野正敏・浅井冨雄・川村武・設楽寛・新田尚・前島郁雄編：気候学・気象学辞典、pp.1-742、二宮書店、1985

26 砂が渦巻く風塵・つむじ風と地吹雪

[1] 小林大二：地吹雪、気候学・気象学辞典、p.224、二宮書店、1985。

[2] 真木太一：砂や塵を伴う種々の風 大きさ・風速もさまざま、風の事典、p.96、丸善出版、2011。

[3] 真木太一：風食・飛砂 土や岩石を削る風、風の事典、p.98、丸善出版、2011。

[4] 宮沢清治：砂塵嵐、砂嵐、風塵、気候学・気象学辞典、pp.201、261、465、二宮書店、1985。

[5] 新野宏：塵旋風、つむじ風、気象科学事典、pp.261、373、東京書籍、1998。

[6] 新野宏：つむじ風 竜巻に似た小さい渦、風の事典、p.86、丸善出版、2011。

[7] 小元敬男：塵旋風、砂旋風、気候学・気象学辞典、pp.249、261、二宮書店、1985。

27 地吹雪による雪の風紋と吹きだまり

[1] 小林大二：地吹雪、気候学・気象学辞典、p.224、二宮書店、1985。

[2] 小林俊一ら：昭和基地における強風時の光を利用した飛雪観測、南極資料、53、pp.45-52、1975。

[3] 真木太一：昭和基地における地吹雪発生中の視程と風速の関係、南極資料、42、pp.35-42、1971。

[4] 真木太一：簡単な物体によってできる雪の吹きだまりに関する研究、南極資料、53、pp.33-44、1975。

[5] 真木太一：ブリザードと雪のドリフト、増訂版 風と自然、pp.201-211、開発社、1999。

[6] 真木太一：雪の風紋・サスツルギ 風がつくる雪の紋様、風の事典、p.106、丸善出版、2011。

[7] 齋藤三行：地吹雪、気象科学事典、p.244、東京書籍、1998。

28 フェーンとボラの局地風の特性

[1] 浅井冨雄：ローカル気象学、pp.1-233、東京大学出版会、1996。

[2] 菅野洋光：フェーン 高温かつ乾燥した強風、風の事典、pp.162-162、丸善出版、2011。

[3] 菅野洋光：ボラ 低温かつ乾燥した強風、風の事典、pp.164-165、丸善出版、2011。

[4] 真木太一：フェーンに対するボラと空っ風、増訂版 風と自然、pp.51-59、開発社、1999。

[5] 真木太一：局地気象・気候と都市気候、大気環境学、pp.29-41、朝倉書店、2000。

[6] 真木太一：風で読む地球環境、pp.1-171、古今書院、2007。

[7] 吉野正敏：新版 小気候、pp.1-298、地人書館、1986。

[8] 吉野正敏：風と人々、pp.1-220、東京大学出版会、1999。

29 晴天乱気流と渦・カルマン渦

[1] 木村龍治：カルマンの渦列、気候学・気象学辞典、p.87、二宮書店、1985。

[2] 木村龍治：カルマン渦列 円柱まわりの流れに生じる現象、風の事典、pp.80-81、丸善出版、2011。

[3] 森修一：晴天乱気流 青空に砕ける大気の波、風の事典、p.217、丸善出版、2011。

[4] 中山章：晴天乱流、気候学・気象学辞典、p.268、二宮書店、1985。

[5] 新野宏：カルマンの渦列、気象科学事典、pp.108-109、東京書籍、1998。

[6] 大野久雄：晴天乱（気）流、気象科学事典、p.280、東京書籍、1998。

[7] 酒井敏：地球流体基礎実験集第２版、IT、1997。

あとがき

本書は、長年の出版希望の結果である。以前より発行したいと思っていた。まえがきにも記したが、各項目の記述はある程度長めの、かつ長すぎない程度の一般書として文系、理系のどちらにも関与する読み物として考えていた。以前に『人工降雨』、『黄砂と口蹄疫』の発行をしていただいていた技報堂出版にお願いしたところ、幸いにも早々と出版の回答をいただいた。もちろん、今回は幾つかの出版社にも出版の依頼を掛けたが、回答結果を受ける以前に決まってしまった。

著者の一人は、これまでに単著を 12 編および共著を 33 編（執筆代表を 8 編）で、計 45 編出版した。著者としては、今後はあまり執筆する機会はないかと思っている。すなわち、一般書、専門書においても、一区切りになったかと思っている。したがって、年齢もかなりになり、特に引退する積もりはないけれど、やや書籍からは遠ざかることになるであろうと思っている。

著者は、1968 年に農林省農業技術研究所に入省してから 31 年間、農業環境技術研究所、四国農業試験、熱帯農業研究センター、農業研究センターを経て、農業環境技術研究所気象管理科長から 1999 年に愛媛大学教授に出向し、2001 年に九州大学大学院農学研究院教授として、そして 2007 年に琉球大学教授、2009 年に筑波大学北アフリカ研究センター客員教授、2012 年に筑波大学農林技術センター客員教授、2013 年 4 月より現職である。

この間、2003 年に日本農学賞・読売農学賞、2005 年に紫綬褒章を受章した。その後も種々の賞を受賞した。そのことに対して、これまでお世話になった多くの方々に本書の紙面をかりて感謝申し上げたい。

海外渡航では、公費出張が多いが、計 61 回になる。南極観測越冬隊員（1 年 5 ヶ月）、アメリカ出張（1 年）、中国出張（約 1 年）など、計 3 年半になる。

さて、著者は、高校時代から山好きで、まず四国の山々に登った。その愛媛県西条市（故郷）には西日本一の石鎚山（天狗岳 1,982 m、石鎚山 1,921 m）があり、瓶ヶ森 1,896 m、笹ヶ峰 1,859 m などに登った。その後、大学時代に富士山をはじめ幾つかの山に登った。大学院では高い山はあまり登らなかったが、1968 年の農林省農業技術研究所に就職後、多くの山に登った。特に、3,000 m 以上の山に限っては、いわゆる若い頃に、21 座のうち、12 座 (富士山 3,776 m、北岳 3,193 m、間ノ岳 3,190 m、農鳥岳（西農鳥岳）3,051 m、北穂高岳 3,106 m、涸沢岳 3,110 m、奥穂高岳 3,190 m、前穂高岳

3,090 m、槍ヶ岳 3,180 m、大喰岳（おおばみ）3,101 m、中岳 3,084 m、南岳 3,033 m）に登っていた。しばらくして 50 歳を過ぎてから、3,000m 前後の山の木曽駒ヶ岳 2,956m、立山（大汝山）3,015 m、別山 2,880 m、剣岳 2,999 m、甲斐駒ヶ岳 2,967 m、仙丈ヶ岳 3,033 m などに、そして 2012 年に乗鞍岳 3,026 m、八ヶ岳（赤岳）2,899 m、御嶽山 3,067 m に、2013 年には南アルプス（3 回で 5 座）の悪沢岳（荒川東岳）3,141 m、中岳（荒川中岳）3,083 m、赤石岳 3,121 m に 2 泊 3 日で登り、次に聖岳 3,013 m、最後に塩見岳（東峰 3,052 m、西峰 3,047 m）で、2013 年 8 月 21 日に 21 座すべてを踏破したことになった。

登山に関連する健康については、39 才で盲腸・腹膜炎・腸閉塞を発病し開腹手術で九死に一生を得たが、その後は体力がなくなり、また腸閉塞を起こすなどで苦労した。特にこの期間が公私ともに多忙であるなどで、63 才に心臓冠動脈狭窄症でカテーテルの手術を 2 回、また前立腺除去手術を受けて何とか回復したが、老齢化も重なり 66 才頃からしばしば癒着・腸閉塞を再発するようになり、入退院を繰り返すため、ついに 68 才の 2013 年 1 月に 2 回目の開腹手術受けた。その年は冬季の低温で、術後の経過が悪く、3 月まで夢現（ゆめうつつ）のようであった。5 月から暖かくなったことで回復が早まり、6 月に体力回復のため筑波山に登り足慣らしをして 7 〜 8 月に上述の南アルプス 5 座に登った。

なお、1 月の手術後 2013 年 3 月に三宅島・御蔵島、5 月に三重県志摩半島沖、7 月に秋田県沖、12 月に三宅・御蔵島と愛媛県西条市沖で人工降雨実験を航空機から実施し、すべて成功させた。その他、名古屋・大島、金沢、広島、名古屋、高松・西条、広島、出雲・隠岐、テキサス・ボルチモア・ワシントン、名古屋・大島、佐賀・松山・西条に研究関連で旅行した。2014 年 2 月にフィリピン、3 月に広島、札幌、西条、4 月に福岡、宮崎、山口宇部、福岡などであり、よく旅行したものである。

なお、人工降雨に関しては、3 月 14 日の三宅島・御蔵島の実験結果を筑波大学農林技術センターで 3 月 26 日に記者発表した。また、2014 年 6 月 26 日には日本学術会議で公開シンポジウム「人工降雨による渇水・豪雨軽減と水資源」を開催し、2012 〜 2013 年の成果を報告した。夏季 6 月 30 日〜 7 月 1 日には白馬岳（2,932 m）に登山した。9 月にはウズベキスタン、中国北京で講演発表の予定である。

本年は記念になる切りの良い年である。著者が農業気象の研究を始めて 50 年となり、「五十年間の研究の歩み」を発行した。内容は書籍、論文、講演、資料、報告書等々 3,000 余りのリスト集である。よくも、長年の多量のリストをまとめることができたことに対して、自分ながら感心している。

今後とも健康に注意して精進していきたいと思っている。

最後に山に関して、気象（風）と高山から見た日本の百名山を提案しておきたい。

北海道：大雪山（旭岳）2,291 m、十勝岳 2,077 m（十勝風）、幌尻岳（日高山脈）2,053 m（日高しも風）、後方羊蹄山（羊蹄山、蝦夷富士）1,898 m、利尻岳 1,721 m（利尻島）、羅臼岳 1,661 m（羅臼風）、阿寒岳 1,499 m。

新潟・東北：火打山 2,462 m、燧岳（燧ヶ岳）2,356 m、鳥海山 2,236 m、月山1,984 m、早池峰山 1,917 m、蔵王山 1,841 m、磐梯山 1,816 m、岩木山 1,625 m、八幡平 1,614 m、八甲田山 1,585 m。

関東・静岡：金峰山 2,599 m、奥白根山（日光白根山）2,578 m、浅間山 2,568 m、男体山 2,486 m、甲武信岳 2,475 m、瑞牆山 2,239m、至仏山 2,228 m、武尊山 2,158 m、皇海山 2,144 m、雲取山 2,017 m、谷川岳 1,977 m、那須岳1,917m（那須おろし）、赤城山（黒檜山）1,828 m（赤城おろし）、丹沢山 1,673 m、天城山 1,405 m、榛名山 1,391 m（榛名おろし）、筑波山 877 m（筑波おろし）。

北アルプス：穂高岳（奥穂高）3,190 m、槍ヶ岳 3,180 m、涸沢岳 3,110 m、北穂高 3,106 m、大喰岳 3,101 m、前穂高 3,090 m、中岳 3,084 m、南岳 3,033 m、乗鞍岳3,026 m、立山（大汝山）3,015 m、剱岳 2,999 m、黒岳（水晶岳）2,986 m、白馬岳2,932 m、薬師岳 2,926 m、野口五郎岳 2,924 m、鷲羽岳 2,924 m、大天井岳2,922 m、西穂高 2,909 m、白馬鑓ヶ岳 2,903 m、笠ヶ岳 2,898 m、鹿島槍ヶ岳 2,889 m、別山2,880 m、龍王岳 2,872 m、旭岳 2,867 m、蝙蝠岳 2,865 m、赤牛岳 2,864 m、真砂岳2,861 m、双六岳 2,860 m、常念岳 2,857 m、三ツ岳 2,845 m、三俣蓮華岳 2,841 m。

中央アルプス：木曽駒ヶ岳 2,956 m、空木岳 2,864 m、三ノ沢岳 2,846 m、南駒ヶ岳 2,841 m、恵那山 2,191 m。

南アルプス：北岳（白根山）3,193 m、間ノ岳 3,189 m、悪沢岳［荒川（東）岳］3,141 m、赤石岳 3,121 m、中岳（荒川中岳）3,084 m、塩見岳 3,052 m、西農鳥岳3,051 m（農鳥岳 3,026 m）、仙丈（ヶ）岳 3,033 m、聖岳 3,013 m、甲斐駒ヶ岳2,967 m、広河内岳 2,895 m、観音岳（鳳凰山）2,840 m。

富士山：富士山 3,776 m。

八ヶ岳：八ヶ岳（赤岳）2,899 m。

御嶽山（おんたけさん）：御嶽山 3,067 m。

両白山地（岐阜・石川）：白山（御前峰）2,702 m。

近畿：大峰山（おおみねさん）（八経ヶ岳）1,915 m、大台ヶ原山（日出ヶ岳）1,695 m、伊吹山1,377 m。

四国・中国：石鎚山（天狗岳）1,982 m、剣山 1,955 m、瓶ヶ森 1,897 m、寒風山

1,763 m、大山（だいせん）1,729 m。
九州：宮之浦岳 1,936 m（屋久島）、久重山（中岳）1,791 m、祖母山 1,756 m、霧島山（韓国岳）1,700 m、阿蘇山 1,592 m、開聞岳 924 m。

以上、選定基準として50位（2,840 m）以上および各地域での独立峰や気象的・地形的に特徴的な 800 m 以上の百名山とした。地域内では高い山の順に配列した。

その他、局地風関連7山（800 m 以上）には、東赤石山（法皇（ほうおう）山脈）1,707 m（やまじ風）、那岐山 1,255 m（広戸風）、御在所岳（鈴鹿山脈）1,212 m（御池岳 1,247 m）（鈴鹿おろし）、蓬莱山（ほうらいさん）1,174 m（比良山地、比良岳 1,051 m）（比良八荒）、手稲山 1,023 m（手稲おろし）、六甲山 931 m（六甲おろし）、鷹取山（耳納山地、耳納山 368 m）802 m（耳納山（みのうさん）おろし）があり、また離島5高山（800 m 以上）として、中之島御岳（おたけ）979 m（鹿児島）、南硫黄島 916 m、八丈富士（西山）854 m、御蔵島御山（おやま）851 m、三宅島雄山（おやま）813 m（以上、東京都）がある。

2014年7月12日

研究所から見える筑波山を時々眺めながら

（独）国際農林水産業研究センター 特定研究主査　真木　太一

索　引

筆 者 紹 介

真木　太一（まき たいち）

経歴

1944年1月愛媛県生まれ、68年 九州大学大学院修士課程修了、68～85年 農業技術研究所・農業環境技術研究所、69～71年 第11次南極観測越冬隊員、77～78年 フロリダ大学食糧農業科学研究所、85年 四国農業試験場、88年 熱帯農業研究センター、93年 農業研究センター、95年 農業環境技術研究所、99年 愛媛大学教授、2001年 九州大学教授、07年 琉球大学教授を経て、09年 筑波大学客員教授、13年（独）国際農林水産業研究センター特定研究主査 現在に至る。

2005～11年 内閣府 日本学術会議会員 農学委員会委員長等、11年～現在 日本学術会議連携会員

著書

風害と防風施設（文永堂出版, 1987）、農業気象災害と対策（共著）（養賢堂, 1991）、砂漠の中のシルクロード（共著）（新日本出版, 1992）、緑の沙漠を夢見て（メディアファクトリー, 1998）、風と自然－気象学・農業気象・環境改善（開発社, 1999）、大気環境学（朝倉書店, 2000）、風で読む地球環境（古今書院, 2007）、風の事典（共著）（丸善出版, 2011）、人工降雨－渇水対策から水資源まで（共著）（技報堂出版, 2012）、黄砂と口蹄疫－大気汚染物質と病原微生物（技報堂出版, 2012）、小笠原案内－気象･自然･歴史･文化（共著）（南方新社 ,2012）、気象・気候からみた沖縄ガイド（海風社, 2012）、等

受賞

1984年 日本農業気象学会賞、2003年 日本農学賞、読売農学賞、2005年 紫綬褒章等

学会長

2001～2005年 日本農業気象学会長、2006～2011年 日本沙漠学会長、2006～2009年 日本農業工学会長を歴任

真木　みどり（まき みどり）

経歴

1946年3月熊本県生まれ、69年駒澤大学文学部地理歴史学科卒、90～92年 つくば市立小・中学校非常勤講師を経て、92年 精神科クリニック子どもの園学習指導員 現在に至る。

著書

自閉症治療スペクトラム－臨床家のためのガイドライン（共著）（金剛出版, 1997）、砂漠の中のシルクロード（共著）（新日本出版, 1992）、つくしんぼのびた（共著）（公文教育出版）、風の事典（共著）（丸善出版, 2011）、小笠原案内－気象・自然・歴史・文化（共著）（南方新社, 2012）、等

自然の風・風の文化　　定価はカバーに表示してあります。

2014年9月5日　1版1刷　発行　　ISBN 978-4-7655-4478-8　C0044

著　者　真木太一
　　　　真木みどり
発行者　長　滋彦
発行所　技報堂出版株式会社
〒101-0051　東京都千代田区神田神保町1-2-5
電　話　営　業　(03)(5217)0885
　　　　編　集　(03)(5217)0881
　　　　F A X　(03)(5217)0886
振替口座　00140-4-10
http://gihodobooks.jp/

日本書籍出版協会会員
自然科学書協会会員
工学書協会会員
土木・建築書協会会員

Printed in Japan

装幀　田中邦直　　印刷・製本　愛甲社